计算机专业职业教育实训系列教材

计算机网络基础

主 编 范 云
参 编 李 兵 黄 铮 王亚飞

U0219309

机械工业出版社

本书系统介绍了计算机网络知识和网络系统。全书共6章，分别为计算机网络的基本概念、通信基础知识、网络体系结构的基本概念、局域网技术、网络互联和互联网、网络安全技术。本书主要围绕计算机网络的基础知识、基本理论、常用设备和基本应用展开介绍，并在每章后面附有习题，可供学生课后巩固所学内容。本书叙述简明扼要，通俗易懂，实用性强，学做合一。

本书可作为各类职业院校计算机及相关专业的教材，也可供计算机专业技术人员参考使用。

本书配有电子课件，选用本书作为教材的教师可以从机械工业出版社教育服务网（www.cmpedu.com）免费注册下载或联系编辑（010-88379194）咨询。

图书在版编目（CIP）数据

计算机网络基础/范云主编. —北京：机械工业出版社，2019.2（2022.7重印）
计算机专业职业教育实训系列教材
ISBN 978-7-111-61413-5

Ⅰ．①计… Ⅱ．①范… Ⅲ．①计算机网络—职业教育—教材
Ⅳ．①TP393

中国版本图书馆CIP数据核字（2018）第260993号

机械工业出版社（北京市百万庄大街22号 邮政编码100037）
策划编辑：梁 伟 责任编辑：李绍坤 王 荣
责任校对：佟瑞鑫 封面设计：鞠 杨
责任印制：常天培

北京机工印刷厂有限公司印刷

2022年7月第1版第3次印刷
184mm×260mm · 8.5印张 · 196千字
标准书号：ISBN 978-7-111-61413-5
定价：29.80元

电话服务 网络服务
客服电话：010-88361066 机 工 官 网：www.cmpbook.com
　　　　　010-88379833 机 工 官 博：weibo.com/cmp1952
　　　　　010-68326294 金 书 网：www.golden-book.com
封底无防伪标均为盗版 机工教育服务网：www.cmpedu.com

前　言

随着互联网技术的发展，人类社会已经步入了信息时代。计算机及计算机网络已经深入到社会生活的各个方面，影响着人们的日常生活。网络是计算机及其功能的延伸，随着社会的发展，网络技术的新产品、新技术日新月异，推动社会信息化向前发展。人们要想充分利用计算机技术，就必须学习和掌握网络技术。了解和掌握计算机网络知识和网络技术，已经成为现代数字化社会生存的基本条件之一。

本书将计算机网络的理论与实用网络知识进行有机整合，加强实践知识技能教学，在内容的选择上注重培养学生的基本网络技能，具有实用、适用、精炼的特点。

全书共有6章：

第1章介绍计算机网络的基本概念，让学生掌握计算机网络的定义、应用、组成、分类等基本概念与基本常识。

第2章介绍通信基础知识，重点介绍数据、通信系统、数据传输等知识。

第3章介绍网络体系结构的基本概念，介绍网络通信和网络体系结构知识，让学生了解网络体系的基本知识，对网络体系结构有一个正确的认识。

第4章介绍局域网技术，帮助学生正确认识局域网的有关技术和网络，了解日常工作学习的局域网技术。

第5章介绍网络互联和互联网，让学生了解互联网的基础知识和互联网协议，帮助学生掌握用户接入互联网的技术。

第6章介绍网络安全技术，主要介绍了信息安全和网络管理知识，让学生加强对网络安全的认识和网络安全管理。

本书由范云担任主编，李兵、黄铮和王亚飞参加编写。

本书在编写过程中，参阅了国内外同行编写的相关著作和文献，谨向各位作者致以深深的谢意！

由于编者水平有限，书中不妥之处在所难免，恳请广大读者批评指正。

编　者

目　录

第1章 计算机网络的基本概念

学习目标

1）了解计算机网络的定义和网络资源共享、数据通信、分布式处理的功能。
2）了解计算机网络在WWW服务、IP电话、电子商务方面的应用。
3）了解计算机网络的组成，涉及资源子网和通信子网。
4）了解计算机网络的拓扑结构和计算机网络分类。学习局域网、广域网和城域网的基本概念。
5）了解计算机网络的发展历史和趋势。

1.1 计算机网络的定义与功能

20世纪90年代以来，随着互联网的普及，计算机网络正在深刻地改变着人们的工作与生活方式。在政治、经济、文化、科学研究、教育、军事等各个领域，计算机网络获得越来越广泛的应用。目前，一个国家计算机网络的建设水平，已成为衡量科技能力、社会信息化程度的重要标志。了解和掌握计算机网络技术已成为社会关注的一个热点。

1.1.1 计算机网络的定义

在计算机网络发展的不同阶段，人们对计算机网络的理解和侧重点不同而提出了不同的定义。从目前计算机网络现状来看，以资源共享观点将计算机网络定义为：将相互独立的计算机系统以通信线路相连接，按照全网统一的网络协议进行数据通信，从而实现网络资源共享的计算机系统的集合。

以资源共享观点的定义中，重点强调了以下几个方面。

（1）计算机系统相互独立 从分布的地理位置来看，它们是独立的，既可以相距很近，也可以相隔千里。从数据处理功能上来看，也是独立的，它们既可以接入网内工作，也可以脱离网络独立工作，而且联网工作时，也没有明确的主从关系，即网内的任意一台计算机不能强制性地控制另一台计算机。

（2）通信线路相连接 各计算机系统必须用传输介质实现互连，传输介质可以使用双绞线、同轴电缆、光纤、微波、无线电等。

（3）全网采用统一的网络协议 全网中各计算机系统在通信过程中必须共同遵守"全网统一"的通信规则，即网络协议。

（4）资源共享 计算机网络中任意一台计算机的资源，包括硬件、软件和信息都可以提供给全网其他计算机系统共享。

1.1.2 计算机网络的主要功能

以资源共享为目标组建起来的计算机网络，一般具有如下的功能。

1. 资源共享

计算机网络最主要的功能是实现了资源共享。从用户的角度来看，网络中的用户既可以使用本地计算机的资源，又可以使用远程计算机上的资源。这里说的资源包括网络内计算机的硬件、软件和信息。计算机系统中有些资源是十分昂贵的，资源共享提高了设备的利用率。例如，用户通过远程作业提交的方式，可以共享大型机的CPU、存储器资源和共享的打印机、绘图仪等外部设备，还可以通过远程登录的方式，登录到该大型机去使用大型软件包，如专用绘图软件等。为了提供全网的信息共享，可以在一台计算机上安装共享数据库，这种共享扩大了信息使用的范围。

2. 数据通信

网络中的计算机与计算机之间交换各种数据和信息，并根据需要对这些信息进行分类或集中处理，这是计算机网络提供的最基本的功能。数据通信提供了信息快捷交流的手段，这在当今的信息化时代尤其显得重要。

3. 分布式处理

利用计算机网络技术，在网络操作系统的调度和管理下，可以将一个大型复杂的计算问题分配给网络中的多台计算机，由这些计算机分工协作来完成。此时的网络就像是一个具有高性能的大中型计算机系统，能很好地完成复杂计算问题的处理，但费用却比大中型计算机低得多。

4. 提高系统的可靠性和可用性

在网络中，将重要的软件、数据同时存储在网上的不同计算机中，可以避免由于机器损坏而造成资源的丢失。当一台计算机出现故障时，既可在网上的其他计算机中找到相关资源的副本，又可以调度另一台计算机来接替其完成计算任务，很显然，比起单机系统，整个系统的可靠性大为提高。另外，当一台计算机的工作任务过重时，可以将部分任务转交给其他计算机处理，实现整个网络各计算机负担比较均衡，从而提高了每台计算机的可用性。

1.2 计算机网络的应用

随着互联网的日益普及，计算机网络已经在工业、农业、国防、科研、文化教育以及日常生活等各个领域得到了广泛应用。电子邮件、WWW服务、文件传输、远程登录、IP电话、网络娱乐等都是人们熟悉的例子。另外，虚拟现实、电子商务也正在迅速发展和成熟。下面对几个应用加以简单介绍。

1.2.1 WWW服务

WWW（World Wide Web，万维网）服务也简称为Web服务，是目前互联网上最受欢迎的服务。WWW创造性地使用超文本（Hypertext）方式组织、查找和表示信息。这是一种完全不同于传统文件系统的组织结构，利用从一个站点到另一个站点的链接，WWW中站点的连接关系是相互交叉的。WWW服务友好的用户查询界面，强有力的搜索引擎，使得它在信息服务、广告、新闻、销售与电子商务等诸多领域获得广泛应用。WWW服务的出现是互联网发展中的一个革命性的里程碑。

WWW服务采用客户端/服务器工作模式，客户端通过浏览器软件来访问服务器，目前有许多种浏览器软件，常用的有Internet Explorer、Netscape Navigator等。

1.2.2　IP电话

IP电话是利用互联网实现远程通话的一种通信方式。它使得以市话价格打国际长途成为可能。IP电话与传统电话在实现技术上有很大的不同，前者的传输网络是互联网，后者则是公用电话交换网。它们的交换方式也是完全不同的，前者采用分组交换技术，语音信息按IP被分割成若干个分组，各个分组独立地在网络中传送，因此通信信道占用时间短，而后者采用电路交换技术，通话时间内独占通信信道，因此占用时间长。正因为交换方式的特点，决定了IP电话的费用可以远低于传统电话。

IP电话可以在PC和PC、PC和普通电话、普通电话和普通电话之间进行通话。目前普通电话和普通电话之间的通话方式最受欢迎，它使得用户可以像操作传统电话一样操作IP电话。

1.2.3　电子商务

电子商务起始于20世纪90年代中期。虽然它出现的时间短，但却是一个发展极其迅速的领域。目前，对电子商务的理解和定义尚未统一，因此对"电子商务"有着不同的定义。一种流行的看法是，电子商务是以计算机和通信网络为基础平台，实现在线商业交易活动的全过程。所谓通信网络包括互联网和企业专用网；所谓在线商业交易活动的全过程是指商务活动的各个环节，包括商务谈判、商品交易、资金支付等都在网络上进行。

和传统商务相比，电子商务使得商务活动中信息处理和传递的速度明显加快，传播范围更宽，甚至可到达世界的任何地方，而商业成本却可以大大降低。

电子商务的影响是多方面的。作为一种新型的商务模式，电子商务改变了商务活动和企业生产的方式，影响了人们的消费行为和观念。总之，电子商务对个人、企业、政府乃至整个社会都产生了重大的影响。

1.3　计算机网络的组成

计算机网络要实现如前所述的功能，必须具有数据处理和数据通信两种能力。从这个前提出发，计算机网络可以从逻辑上被划分成两个子网：资源子网和通信子网，如图1-1所示。

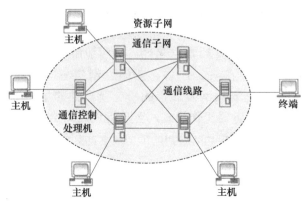

图1-1 资源子网和通信子网

1.3.1 资源子网

资源子网完成网络的数据处理功能。它包括主机和终端，各种联网的共享外部设备、软件和数据资源。

（1）主机　包括大型计算机、中型计算机、小型计算机和微型计算机，它是资源子网的主要组成单元。

（2）终端　包括只具备简单输入/输出功能的普通终端和具有一定存储、处理能力的智能终端。它是网络用户访问网络的界面。

（3）软件　包括本地系统软件、网络通信软件和用户应用程序。

（4）数据　包括公共数据库等。

1.3.2 通信子网

通信子网完成网络的数据传输功能。通信子网由通信控制处理机（又称为网络节点）、通信链路及相关软件组成。

1. 通信控制处理机

它主要起到两个作用：一是"入网接口"，完成将主机和终端连接到网络上的功能；二是"数据转接"，完成在网络中将数据逐个节点地存储和转发，以实现数据从源节点正确传输到目的节点。通信控制处理机具体来说可以是集线器、路由器、网络协议转换器等。

在通信子网中，通信控制处理机之间的信道连接方式可以有点—点信道和共享广播信道两种。

2. 通信链路

它完成实际传送位流的功能。计算机网络中使用的通信链路常由双绞线、同轴电缆、光纤、无线电、微波等传输介质构成。

1.4 计算机网络的拓扑结构

拓扑结构是决定通信网络性质的关键要素之一。"拓扑"一词来源于拓扑学。拓扑学是几何学的一个分支，它是把实体抽象成与其大小、形状无关的点，将点—点之间的连接抽象成线段，进而研究它们之间的关系。计算机网络中也借用这种方法来描述节点之间的连接方式。具体来说，就将网络中的计算机和通信设备抽象成节点，将节点与节点之间的通信线路抽象成链路。因此，计算机网络被抽象成由一组节点和若干链路组成，这种由节点和链路组成的几何图形称为计算机网络拓扑结构或网络结构。

计算机网络拓扑结构是组建各种网络的基础。不同的网络拓扑结构涉及不同的网络技术，对网络性能、系统可靠性与通信费用都有重要的影响。

计算机网络中根据节点之间链路的连接方式不同可分为点—点链路和共享链路，因而网络拓扑结构也可以根据链路类型的不同而分为两类。

1.4.1 点—点链路的拓扑结构

在点—点链路的拓扑结构中，每条物理线路连接一对节点。没有直接链路的两节点之间必须经其他节点转发才能通信。点—点链路多应用在远距离传输上。

点—点链路拓扑结构有3种基本结构：星形、树形、网状形，如图1-2a、b、c所示。

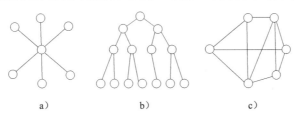

图1-2　点—点链路拓扑结构
a）星形　b）树形　c）网状形

1. 星形拓扑的主要特点

星形拓扑结构中的各节点通过点—点通信线路与中心节点连接。任何两节点之间的数据传输都要经过中心节点的控制和转发。中心节点控制全网的通信。星形拓扑结构简单，易于组建和管理。但中心节点的可靠性是至关重要的，它的故障可能造成整个网络瘫痪。以集线器为中心的局域网是一种最常见的星形网络拓扑结构。

2. 树形拓扑的主要特点

树形拓扑结构可以看成星形拓扑的扩展。树形拓扑结构中，节点具有层次。全网中有一个顶层的节点，其余节点按上、下层次进行连接，数据传输主要在上、下层节点之间进行，同层结点之间数据传输时要经上层转发。这种结构的优点是灵活性好，可以逐层次扩展网络，但缺点是管理复杂。目前，一个单位的局域网在组建时多采用树形拓扑结构，以便于实现信息的汇集、转发和管理的要求。

3. 网状形拓扑的主要特点

网状拓扑结构中两节点之间的连接是任意的，特别是任意两节点之间都连接专用链路则可构成全互联型。网状拓扑的主要优点是系统可靠性高，数据传输快，但是网状拓扑结构建网费用高，控制复杂，目前常用于广域网中的主要节点之间实现高速通信。

1.4.2 共享链路的拓扑结构

共享链路的拓扑结构中，多个网络节点共享一个公共的链路。节点往往采用广播的方法来传输信息，因而这种拓扑结构又被称为广播网络拓扑结构。共享链路拓扑结构广泛应用于局域网中，它主要有4种基本结构：总线型、环形（见图1-2d、e）、无线通信型和卫星通信型。

1. 总线型拓扑的主要特点

网络中所有节点连接到一条共享的传输介质上，所有节点都通过这条公用链路来发送和接收数据。因此，必须有一种控制方法（介质访问控制方法），使得任一时刻只允许一个节点使用链路发送数据，而其余的节点只能"收听"该数据。目前，以太网即是一个典型的总线型拓扑结构的例子，采用的介质访问控制方法叫作载波监听多路访问 / 冲突检测（CSMA/CD）控制机制。

2. 环形拓扑的主要特点

环形拓扑结构中的节点通过点—点通信线路，首尾连接构成闭合环路。点—点相连的构造方式有时也被划入点—点链路拓扑范畴。数据将沿环中的一个方向逐个节点传送，当一个节点使用链路发送数据时，其余的节点也能先后"收听"到该数据。这里也需要一种介质访问控制方法，使得任一时刻只允许一个节点发送。环形拓扑结构简单，传输延时确定，但环路的维护复杂。IBM令牌环网是典型的环形拓扑结构，介质访问控制方法是节点通过获取"令牌"来获得数据发送权。

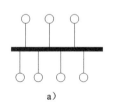
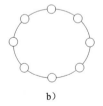

a)　　　　　　　　　　　　　　b)

图1-3　共享链路的拓扑结构

a）总线型　b）环形

3. 无线型拓扑的主要特点

采用同一频率的无线电波作为公用链路，网络中的各节点均通过"广播"的方式发送数据。

4. 卫星通信型拓扑的主要特点

网络中的卫星是所有数据的转发中心。当一个节点需要给另一节点发送数据时，发送节点将数据发送给卫星，由卫星再中转给接收节点。

1.5 计算机网络的分类

对计算机网络进行分类时，根据其强调网络的特性不同，其分类方法是多种多样的，按覆盖的地域范围与规模可以被分为3类：局域网（Local Area Network，LAN）、城域网（Metropolitan Area Network，MAN）与广域网（Wide Area Network，WAN）。

1.5.1 局域网

局域网是目前网络技术发展最快的领域之一。至今人们还很难给局域网一个严格的定义。但大多数人认为，局域网是指在较小的地理范围内（一般不超过几十千米），将有限的通信设备互联起来的计算机网络。局域网的规模相对于城域网和广域网而言为小。常在公司、机关、学校、工厂等有限范围内，将本单位的计算机、终端，以及其他的信息处理设备连接起来，以实现办公自动化、信息汇集与发布等功能。

从功能的角度来看，局域网的服务用户个数有限，网络中传输速率高，误码率低，使用费用低，采用广播式或交换式通信。典型的三种局域网产品是以太网（Ethernet）、令牌总线网（Token Bus）、令牌环网（Token Ring）。

1.5.2 广域网

广域网在地域上可以覆盖一个地区、一个国家，甚至横跨几个洲，因此也称为远程网。目前大家熟知的互联网就是一个横跨全球，可公共商用的广域网络。除此之外，许多大型企业及跨国公司和组织也建立了属于内部使用的广域网络。广域网可以适应大容量、突发性的通信需求；提供综合业务服务；具备开放的设备接口与规范的协议以及完善的通信服务与网络管理。

广域网的通信子网可以利用公用分组交换网、卫星通信网和无线分组交换网，将分布在不同地区的局域网或计算机系统互联起来，达到资源共享的目的。

广域网典型的代表有X.25网、帧中继网和B-ISDN网。

1.5.3 城域网

城域网所覆盖的地域范围介于局域网和广域网之间，一般从几十千米到几百千米的范围。城域网是随着各单位大量局域网的建立而出现的。同一个城市内各个局域网之间需要交换的信息量越来越大，为了解决它们之间信息高速传输的问题，提出了城域网的概念，并为此制定了城域网的标准。一个早期的城域网标准是光纤分布式数据接口（Fiber Distributed Data Interface，FDDI），目前正转向采用光纤作为传输介质，基于IP交换的高速路由交换机或ATM（Asychronous Transfer Mode，异步传输模式）交换机作为交换节点的方案。

值得注意的是，计算机网络因其覆盖地域范围的不同，它们所采用的传输技术也是不同的，因而形成了各自不同的网络技术特点。

除了上述常见的网络划分外，还有以下一些常见的分类方法：

1）根据链路采用的传输介质分为有线网络和无线网络。

2）根据网络的信道带宽分为窄带网、宽带网和超宽带网。

3）根据工作原理分为以太网、令牌环网、FDDI网、ATM网。

4）根据控制方式分为集中式网和分布式网。

5）根据使用范围分为公用网和专用网。

6）根据交换技术分为共享式网和交换式网。交换式网络又可分为线路交换网、分组交换网、信元交换网等。

1.6 计算机网络的发展

计算机网络出现的历史不长，它的形成和发展大致可以分为4个阶段。

1.6.1 第一代计算机网络

第一代计算机网络以面向终端为特征。这一阶段可以追溯到20世纪50年代。人们将多台终端通过通信线路连接到一台中央计算机上而构成"主机—终端"系统。这里的终端不具备自主处理数据的能力，仅完成简单的输入/输出功能，所有数据处理和通信处理任务均由主机完成。根据资源共享观点对计算机网络的定义，主机—终端系统只能称得上是计算机网络的雏形，还算不上是真正的计算机网络，因为终端没有独立处理数据的能力。但这一阶段进行的计算机技术与通信技术相结合的研究，成为计算机网络发展的基础。

1.6.2 第二代计算机网络

20世纪60年代，计算机的应用日趋普及，许多部门，如工业、商业机构都开始配置大、中型计算机系统。这些地理位置上分散的计算机之间很自然需要进行信息交换。这种信息交换的结果是多个计算机系统连接而成为一个计算机通信网络，被称为第二代网络。其重要特征是通信在"计算机—计算机"之间进行，计算机各自具有独立处理数据的能力，并且不存在主从关系。计算机通信网络主要用于传输和交换信息，而资源共享程度不高。美国的ARPAnet就是第二代计算机网络的典型代表。ARPAnet为互联网的产生和发展奠定了基础。

1.6.3 第三代计算机网络

20世纪70年代中期开始，许多计算机生产商纷纷开发出自己的计算机网络系统并形成各自不同的网络体系结构。例如，IBM公司的系统网络体系结构SNA、DEC公司的数字网络体系结构DNA。这些网络体系结构有很大的差异，无法实现不同网络之间的互联，因此网络体系结构与网络协议的国际标准化成了迫切需要解决的问题。1977年国际标准化组织（International Standards Organization，ISO）提出了著名的开放系统互联参考模型OSI/RM，形成了一个计算机网络体系结构的国际标准。尽管互联网上使用的是TCP/IP，但OSI/RM对网络技术的发展产生了极其重要的影响。第三代计算机的特征是全网中所有的计算机遵守同一种协议，强调以实现资源共享（硬件、软件和数据）为目的。

1.6.4 第四代计算机网络

从20世纪90年代开始，互联网实现了全球范围的电子邮件、WWW、文件传输、图像通信等数据服务的普及，但电话和电视仍各自使用独立的网络系统进行信息传输。人们希望利用同一网络来传输语音、数据和视频图像，因此提出了宽带综合业务数字网（Broadband Integrated Services Digital Network，B-ISDN）的概念。这里宽带的意思是指网络具有极高的数据传输速率，可以承载大数据量的传输；综合是指信息媒体，包括语音、数据和图像可以在网络中综合采集、存储、处理和传输。由此可见，第四代计算机网络的特点是综合化和高速化。

B-ISDN的核心技术是基于异步传输模式ATM的交换，支持数据、语音和视频综合服务的宽带传输。B-ISDN可以为用户提供交互式服务，例如，会话服务中的视频会议、可视电话；信报服务中的电子邮件；检索服务中的检索图像、声音、档案等。除此以外，还可以提供传播服务，如电视、电台广播等。

支持第四代计算机网络的技术有：高速网络、异步传输模式、光纤传输介质、分布式网络、智能网络、互联网技术等。人们对这些新的技术报以极大的热情和关注，正在不断深入地研究和应用。

互联网技术的飞速发展以及在企业、学校、政府、科研部门和千家万户的广泛应用，使人们对计算机网络提出了越来越高的要求。未来的计算机网络应能提供目前电话网、电视网和计算机网络的综合服务；能支持多媒体信息通信，以提供多种形式的视频服务；具有高度安全的管理机制，以保证信息安全传输；具有开放统一的应用环境，智能的系统自适应性和高可靠性，网络的使用、管理和维护将更加方便。总之，计算机网络将进一步朝着"开放、综合、智能"方向发展，必将对未来世界的经济、军事、科技、教育与文化的发展产生重大的影响。

本章小结

通过学习计算机网络的定义和功能，掌握计算机网络的"独立计算机系统""相互连接""遵守共同协议"等几个基本特征，以及计算机网络的主要功能，包括资源共享、数据通信、分布式处理和提高系统的可靠性和可用性。并且学习了计算机网络的一些基本概念，计算机网络在多个领域的应用，其中WWW服务、IP电话和电子商务是典型的应用；计算机网络由资源子网和通信子网组成，计算机网络的拓扑结构，包括点—点链路的拓扑结构和共享链路的拓扑结构；计算机网络可根据地域覆盖范围分为局域网、广域网和城域网。

通过学习计算机网络的发展过程，了解了计算机网络发展的趋势。

习题

一、单项选择题

1）计算机网络能够提供共享的资源有_____。

　　A. 硬件资源和软件资源　　　　　　B. 软件资源和信息

　　C. 信息　　　　　　　　　　　　　D. 硬件资源、软件资源和信息

2）常用的网络拓扑结构应该包括_____。

　　A. 总线型、星形、环形和网状　　　B. 总线型、环形和网状

C. 星形和网状   D. 环形和网状

3）计算机网络拓扑结构中包含中心节点的是_____。

    A. 总线拓扑   B. 星形拓扑   C. 环形拓扑   D. 网状拓扑

4）按照网络规模大小定义计算机网络，其中_____的规模最小。

    A. 互联网   B. 广域网   C. 城域网   D. 局域网

5）局域网的英文缩写是_____。

    A. WAN   B. LAN   C. MAN   D. IP

6）IP电话的话音是通过_____来传送的。

    A. 互联网   B. 模拟电话网   C. 有线网   D. A、B和C

7）从资源共享观点出发，认为一台带有多个远程终端或远程打印机的计算机系统不是一个计算机网络。原因是_____。

    A. 远程终端或远程打印机没有可共享的资源

    B. 远程终端或远程打印机不是"自治"的计算机系统

    C. 计算机系统无法控制多个远程终端或远程打印机

    D. 远程终端或远程打印机无法和计算机系统连接

8）在广播式网络中，一个节点广播信息，其他节点都可以接收到信息，原因是_____。

    A. 多个节点共享一个通信信道   B. 多个节点共享多个通信信道

    C. 多个节点对应多个通信信道   D. 一个节点对应一个通信信道

9）在点—点式网络中，如果两个节点之间没有直接连接的线路，那么它们_____。

    A. 不能通过中间节点转接   B. 将无法通信

    C. 只能进行广播式通信   D. 可以通过中间节点转接

10）计算机网络中，B-ISDN指的是_____。

    A. 综合业务数据网   B. 窄带综合业务数据网

    C. 基础综合业务数据网   D. 宽带综合业务数据网

二、多项选择题

1）以资源共享观点的定义中，计算机网络定义中重点强调了_____几个方面。

    A. 计算机系统相互独立   B. 各计算机系统传输介质互联

    C. 计算机具有相同的数据格式   D. 全网采用统一的网络协议

2）WWW服务采用客户端/服务器工作模式，客户端通过浏览器软件来访问服务器，目前常用的浏览器软件有_____。

    A. Internet Explorer   B. PowerPoint

    C. Netscape Navigator   D. Excel

3）从功能的角度来看，局域网的特点包括_____。

    A. 用户个数较少   B. 网络传输速率高   C. 误码率高   D. 使用费用低

4）通信子网中的共享线路拓扑结构（广播信道）包括_____。

    A. 星形   B. 树形   C. 总线型   D. 环形

5）目前计算机网络中常用的传输介质可以分为有线介质和无线介质两类。其中，有线介质包括_____。

    A. 双绞线   B. 同轴电缆   C. 光纤电缆   D. 微波

6）目前，计算机网络中采用的数据传输速率单位可以是_____。

    A. bit/s   B. kbit/s   C. Mbit/s   D. Gbit/s

三、判断题

1）计算机网络中，当一台计算机的工作任务过重时，可以将部分任务转交给其他计算机处理，以实现整个网络各计算机负担比较均衡。   （　　）

2）快速以太网的数据传输速率达到了1000Mbit/s。   （　　）

3）国际标准化组织（ISO）提出的一个计算机网络体系结构的国际标准是开放系统互联参考模型OSI/RM。   （　　）

4）只具备简单输入、输出功能的普通终端是网络用户访问网络的界面，它属于通信子网范畴。   （　　）

5）"带宽"与"数据传输速率"之间存在着明确的对应关系，在实际应用中，有时几乎成了同义词。   （　　）

四、思考题

1）计算机网络主要的功能是什么？

2）为什么IP电话的费用可以远低于传统电话。

3）计算机网络的资源子网包括哪些设备？

4）宽带综合业务数字网B-ISDN中的"综合"是什么含义？

5）目前计算机网络中常用的无线介质有哪些？

6）第三代计算机网络的特征是什么？

第2章 通信基础知识

学习目标

1）了解通信方面的基本概念，涉及数据、信号、信道、信号带宽和信道带宽的定义，以及信道的一些主要技术指标，如调制速率、数据传输速率、信道容量。

2）了解数据的多种传输方式，包括基带传输、频带传输、宽带传输、并行传输和串行传输以及单工通信、半双工通信和全双工通信的概念。

3）了解异步传输和同步传输的概念。

4）了解数字信号调制为模拟信号和数字信号编码。

5）了解网络传输中差错控制编码的概念。

6）了解频分复用（FDM）技术和时分复用（TDM）技术。

7）了解数据交换技术，包括线路交换、报文交换和分组交换技术。

2.1 数据、信号与信道

2.1.1 数据、信号与信道的概念

1. 数据

数据被定义为承载信息的物理符号或有意义的实体。描述现实中任何概念和事物的数字、文字和符号等都可以称为数据。

数据按其在某个区间是否取连续值而分为模拟数据和数字数据两类。模拟数据是指在某个区间内取连续值的数据，如声音、视频、温度和压力等。数字数据则是指在某个区间内取离散值（不连续值）的数据，例如，文本信息、整数和二进制数字序列。

2. 信号

信号被定义为表示数据的电信号，它是数据的表示形式，具体的电信号是电磁波或电编码。和数据取值是否连续类似，信号也可分为模拟信号和数字信号两类。模拟信号的取值是连续的，如声音信号、温度信号、电压值信号。数字信号的取值是离散的，如计算机通信中的二进制代码"1"和"0"序列所表示的信号。

数据和信号是紧密相关的两个概念。数据是信息的载体，信号是数据的表示形式，模拟数据或数字数据都可以被编码表示为模拟信号或数字信号。

3. 信道

信道被定义为传送电信号的一条媒体。一个信道可以看成一条电路的逻辑部件。

由于信道构成的器件不同，类似地，信道也可以分为模拟信道和数字信道。可以传送

模拟信号的信道称为模拟信道，典型的模拟信道实例是传统电话网中的传输通道，所以电话网上只能传送模拟信号；可以传送数字信号的信道称为数字信道。计算机通信网络中使用的是数字信道。

数字信号需要经过数-模变换成模拟信号后才能在模拟信道上传送，同样的道理，模拟信号也必须经过模-数变换成数字信号后才能在数字信道上传送。

综上所述，模拟数据和数字数据都可以编码成模拟信号和数字信号，也可以在相应信道上传送。

2.1.2　信号带宽和信道带宽

1. 信号的时域表示和频域表示

前面讲的模拟信号和数字信号都是从时域概念出发来分析信号的特征，即分析信号随时间变化的规律和特性。这里，信号表示为时间的函数 $f(t)$，$f(t)$ 确定了每一时刻信号的振幅。

在数据传输中，从频域概念出发来分析信号的特征往往比从时域概念出发更为重要。从频域概念出发来分析信号随频率分布的规律和特性，信号常表示为频谱密度函数 $F(f)$，$F(f)$ 确定了组成该信号的各个频率分量。每一个信号都可以用一个时域函数 $f(t)$ 表示，它一定还对应一个频谱密度函数 $F(f)$。两个函数之间有着密切的联系，只要一个确定，另一个也随之唯一地确定，即已知 $f(t)$ 可求得 $F(f)$，反之亦然。

2. 信号带宽

根据信号分解的原理，周期信号非正弦波信号 $f(t)$ 总可以用一个直流分量和一系列的谐波分量之和来表示。一般情况下，谐波分量的个数无穷多，谐波振幅随着谐波次数的增高而逐渐减小，直到趋向于0。可以证明，对于非周期信号，例如，一个方波，它对应的频谱图如图2-1所示。频谱图反映了信号各次谐波分量振幅随频率变化的情况。可以看出，一个信号的主要能量集中在一定的频率范围，如图2-1中0～1/τ之间，信号主要成分所集中的频率范围称为信号带宽。

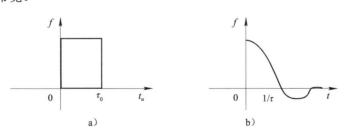

图2-1　方波对应的频谱图及其信号带宽

不论是模拟信号还是数字信号，只要它是非正弦信号，其主要能量都集中在信号带宽。例如，声音的频率范围分布在300～3400Hz之间，所以声音信号的带宽为：3400Hz−300Hz=3100Hz。

一个信号可以同时用时域中的时间函数和频域中的频谱函数来表示。可以证明，时间函数变化较快的信号必定具有较宽的频带。由此可以推出：信号的数据传输率越高，它的信号带宽就越宽，反之则越窄。

3. 信道带宽

信道指的是信号传送的通路。它由具体的电路逻辑部件构成。因受电气特性的限制，只能允许一定频率的信号通过，超出这个频率范围的信号将大大衰减而引起失真。信道能够通过的这个频率范围称为信道带宽，有时也称作带宽。例如，普通电话线可以接收频率在300～3400Hz之间的信号，则它的信道带宽为3100Hz。显然，只有当信道带宽大于被传送信号的带宽时，信号才能顺利通过，否则将使信号失真。

信道带宽受传输介质、接口部件、传输协议等诸多因素的影响。它是决定传输系统的一个重要指标。一般来说，信道的带宽越大，信道的容量也就越大，相应的数据传输率也越高，这就是人们追求宽带网络的原因。

2.1.3 信道的一些主要技术指标

信道的主要技术指标包括调制速率、数据传输速率、信道容量、传播速度、吞吐量和误码率等。

1. 调制速率

调制速率是指信号经过调制后的传输速率，即调制后模拟信号每秒的变化次数。它等于调制周期的倒数，调制速率B可表示为

$$B=1/T$$

式中，T表示调制周期，单位是秒（s）；B表示每秒传输的信号单元（或码元）数，单位为波特（Baud）。因此，调制速率又称波特率或码元率。一个码元代表一个波形，有时也可代表一个电平。

显然，每个码元所持续的时间宽度越短码元率越高，因此码元率是衡量信道数据传输能力的重要指标。

2. 数据传输速率

数据传输速率是指每秒可以传输的二进制代码位数，单位是"位/秒"，记作bit/s，因此，数据传输速率又称为比特率。

数据传输速率是和调制数率相关的概念。数据传输速率可表示为

$$S=B\log_2 N（\text{bit/s}）$$

式中，N为码元所有可能的状态数；$\log_2 N$为每一个码元所表示的二进制数据的位数。

图2-2a描述了码元的状态数$N=2$的情况，即码元只有"0"和"1"两个状态，则每个码元只传送一位二进制数据，此时，$S=1/T$。虽然，这种情况下，码元率数值上等于比特率，但是在概念上两者是不相同的。Baud表示单位时间传送的码元信号的个数，而bit/s表示单位时间传送的二进制位数的个数。

图2-2b描述了码元的状态数$N=4$的情况，即码元有"00""01""10"和"11"4个状态，则每个码元可以传送两位二进制数据，此时，$S=2/T$。

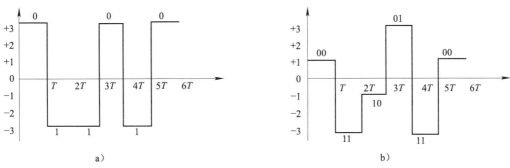

图2-2　数据传输速率和码元的状态数的关系

a）码元的状态数$N=2$　b）码元的状态数$N=4$

3. 信道的最大数据传输率

信道能够传送的最大的数据传输率又称为信道容量。最大数据传输率是信道上传输数据量的一个极限参数。

对于一个理想的无噪声干扰的低通信道，奈奎斯特（Nyquist）定理推导出其最大数据率为

$$R_{\max}=2W（\text{Baud}）=2W\log_2 N（\text{bit/s}）$$

式中，W是理想低通信道的带宽，单位为Hz；N为信道上传输码元允许的状态数。

例如，如果信道上传送的是二进制信号，码元允许取两个值"1"和"0"，则$N=2$，$\log_2 N=1$，所以$R_{\max}=2W$。假设该信道的带宽为3kHz，则信道的最大数据率为6kbit/s。如果码元允许取4个值，则$\log_2 N=2$，对于同样带宽为3kHz的信道，其最大数据率可达12kbit/s。显然，提高码元允许的取值个数，可以扩展信道的最大数据传输率。

但是，任何实际信道都不是理想的、无噪声的，信道上存在多种干扰，当信号传输时会带来各种失真。对于有随机噪声干扰的信道的最大数据传输率，香农（Shannon）公式表述如下：

$$R_{\max}=W\log_2（1+S/N）（\text{bit/s}）$$

式中，W为信道的带宽；S为信道上所传信号的平均功率；N为信道内部的噪声功率。其中，S/N可称为信噪比。除此方式，信噪比也常用对数来描述，单位是分贝（dB）。例如，某信道$S/N=1000$，则用对数来描述的信噪比为30dB，即$10\lg（1000）\text{dB}=30\text{dB}$。

如果一个信道的带宽为3kHz，信噪比为30dB，则其最大数据传输率为

$$R_{\max}=3000\log_2（1+1000）\approx30\,000（\text{bit/s}）$$

实际传输系统中，信道的最大数据传输率是无法达到的。实际数据传输率要远低于这个数值。如对于3kHz带宽的电话线，能达到9600bit/s就不错了。

综上所述，设法使每一个码元携带更多的位信息量，增加信道带宽或信道的信噪比是提高数据传输速率的方法，如实际中常采用多进制的调制方法来提高数据传输率。

由于信道的带宽越宽，可以承载的数据传输率就越高，所以人们常把网络的"高数据传输速率"用网络的"高带宽"去表述。在网络技术领域中，"带宽"和"速率"几乎成了同义词。

4. 误码率

误码率是指数字信号在传输过程中被传错的二进制位的概率。若传输的总位数为N，传错的位数为N_e，则误码率P可表示为

$$P=N_e/N$$

在计算机网络中，误码率也称为出错率。它是衡量数字通信系统可靠性的一个重要参数。一般要求误码率低于10^{-6}，即平均每传送1MB，允许出错1bit。

2.2 数据传输方式

2.2.1 按传输的信号分类

1. 基带传输

基带就是一个信号所占有的基本频带。例如，数字信号"1"或"0"的基本频带由0至若干兆赫。当信号具有基本频带时，称为基带信号。没有经过调制的原始信号是基带信号，可以是模拟的或者是数字的信号。数字信号"1"或"0"直接用两种不同的电压表示，可以用高电平或用低电平代表"1"或"0"。这种高电平和低电平不断交替的信号就是基带信号。未经调制的、基本频带在0～6MHz之间的电视信号也是一种基带信号。

将基带信号直接送到信道上进行传输则称为基带传输。这是一种最简单的传输方式，在近距离通信的局域网中常采用，这里将数字信号"1"或"0"直接进行传输。

2. 频带传输

频带信号是将基带信号进行调制后形成的模拟信号。基带信号经过调制后，其频谱将发生变化，如移到较高的频率处，这种调制技术常用于传输介质的多路复用。将频带信号通过信道进行传输则称为频带传输。频带传输和基带传输相比，其最突出的优点是传输距离长。它的载波频率虽然很高，但信道容量却是有限的。

3. 宽带传输

通过调制，基带信号的频谱可以发生移动，这样多路的基带信号、音频信号和视频信号的频谱经过分别移动后，可以利用一条电缆的不同频段来传输，各路信号互相不会干扰，这种传输方式称为宽带传输。

宽带传输提高了传输介质的利用率，例如，在宽带局域网中，将文字、声音和图像的数据经调制成模拟信号后，在宽带传输系统中实现了一体化传输。

2.2.2 按传输数据的排列方式分类

1. 并行传输

在并行传输中，发送端按照字符时顺序逐个传送，每位能发送多个位。显然，在发送端和接收端需要连接多条通信信道，以保证每个位通过一条信道。并行传输的优点是传输

速度快，但系统构成费用高，所以多用于近距离传输数据。

2. 串行传输

在串行传输中，发送端按照字符所包含的位顺序逐位传送。在发送端和接收端只需要一条通信信道即可。由于计算机和相关设备内部的数据传送是并行的，因此在收发双方的接口上要加上并/串转换设备。串行传输方式费用低，在计算机网络中多使用这种方式。

2.2.3 按数据传输方向分类

根据数据通信时通信双方的数据在信道中的传输方向，数据传输分为以下3种基本方式。

1. 单工通信

数据在信道中只能向一个方向传送，无法反方向传送。例如，无线电广播、有线广播和电视广播。显然，这种类型的传输只需要一条信道。发送端只有发送装置，接收端只有接收装置。

2. 半双工通信

数据在信道中可以两个方向传送，但同一时刻只能向一个方向传送。通信双方都可以发送或接收数据，但不能同时发送或接收。例如，使用同一载波频率工作的无线电收发报机。当一方发送时，另一方只能接收。通信双方都需要备有发送装置和接收装置，以备交替使用，但只需要一条通信信道。

3. 全双工通信

通信双方可同时发送或接收信息。通信双方都需要备有发送装置和接收装置，并且需要两条信道。这两条信道可以由两条实际线路构成，也可以在一条线路上通过分频技术来实现。

2.3 模拟通信系统与数字通信系统

按照信道中传输的是模拟信号还是数字信号，可以相应地把通信系统分成两类：模拟通信系统和数字通信系统。需要指出的是，数字信号并非一定要用数字通信系统来传输，数字信号经"数字/模拟"转换后，可用模拟通信系统进行传输，反之亦然。

2.3.1 模拟通信系统

传输模拟信号的通信系统称为模拟通信系统。在模拟通信系统中，发送端要将各种数据的基带信号，变换成适合在信道上传输的频带信号（模拟信号），这个过程称为"调制"；接收端进行相反变换，将频带信号变换成基带信号而接收到数据，这个过程称为"解调"。调制和解调的过程由调制解调器完成。信号的调制，即波形转换的方法有多种，具体方法可参看后面的相关小节。图2-3是一个简化了的模拟通信系统模型。

图2-3　模拟通信系统模型

　　在实际应用中，传统的电话通信系统是一个典型的模拟传输系统。电话系统采用多级层次结构。目前，我国长途线路已基本实现了数字化，但从用户到市话中心局之间通过双绞线电缆连接的仍然是模拟信道。

2.3.2　数字通信系统

　　传输数字信号的通信系统称为数字通信系统。实际中最简单的情况是使用数字通信系统来传输基带数字信号，这是计算机局域网中常见的。在这种情况下，一个重要的问题是对基带数字信号的编码，例如，目前以太局域网中常用的曼彻斯特编码。

　　数字通信系统也可以用来传输模拟信号，当然这里要利用编码解码器来进行模-数和数-模的转换。图2-4是一个利用数字信道传输模拟信号的简化模型。

图2-4　数字信道传输模拟信号的简化模型

　　数字通信系统和模拟通信系统相比具有可以进行差错控制，信息保密，抗干扰能力强和传输质量高等诸多优点，在计算机网络及其他通信网络中得到了广泛的应用。

2.4　异步传输和同步传输

　　在串行数据通信中，多个位（比特）组合成字符，多个字符组合成报文。实际传输时，以位流的形式按位传输。这里，数据的发送端与接收端之间的同步就是一个重要的问题，同步保证了接收端接收的数据与发送端发送的数据一致，即正确区分数据位、数据字节和报文。否则，接收端收到的将是一串毫无意义的信号。为此，必须解决位同步、字符同步和块同步三个问题。

　　这里位同步正确区分信号中的每个位；字符同步正确区分信号中的每个字符；块同步，即正确区分信号块（报文）。

　　为了解决以上三个层次的同步问题，目前计算机网络中常采用两种方式：异步传输和同步传输。两种方式的根本区别是，发送端和接收端的时钟是独立的还是同步的。若发送端和接收端的时钟是独立的，则称之为异步传输；若时钟是同步的，则称之为同步传输。

2.4.1　异步传输

　　异步传输以字符为单位独立传输。在异步传输时，每个字符都要在前后加上起始位和终止位，起始位为"0"，占据1位，终止位为"1"，占据1～2位，以此表示一个字符的开始和结束。在起始和终止位之间是5～8位的字符数据。图2-5描述了包含7位信息位的异步传输的例子。

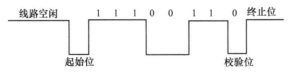

图2-5　包含7位信息位的异步传输

异步传输的实际过程可描述如下：无数据需要传输时，发送方发送连续的终止位1的信号，使传输线路一直处于高电平，即停止状态。发送字符时，发送端首先发送起始位"0"，即低电平，接收方根据这时1～0的跳变可以判定是一个字符的开始。接收了固定位的字符数据以后，其中8位字符中还包括1位校验位，则传输线路重新置"1"，即高电平表示字符传输结束。

在这个过程中，位同步通过协议事先约定的收发双方的工作速率基本一致来实现；字符同步则通过起始位和终止位来实现；块同步则需要使用传送的特殊控制字符。

异步传输中，每个字符的起始时刻任意，字符与字符间的时间间隔也是任意的，传送的数据中不需要包含时钟信号，因而实现起来较简单，价格便宜。但由于每个字符都要加上起始位和终止位，因而传输效率较低，常用于低速（每秒10～1500个字符）的终端操作中。

2.4.2　同步传输

同步传输中，通过在数据块前后加上同步字符SYN（帧头和帧尾）标记来实现数据帧同步，接收端据此正确判定数据块（帧）的开始和结束。在面向位的同步传输中，数据块不是以字符流来处理，而是以位流来处理。图2-6是面向位的同步传输的帧头和帧尾（同步字符SYN）的实例。

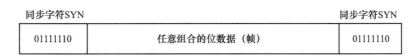

图2-6　面向位的同步传输的帧头和帧尾（同步字符SYN）

从图2-6可以看出，在面向位的异步传输中，传输的数据可以是位构成的数据块（帧），其前后加上同步字符SYN，以此来标识数据块的开始与结束。例如，HDLC（High level Data Link Control）是一种面向位的同步传输模式，采用的同步字符的位序列是01111110。为了避免在数据块中出现同样的8个二进制位的排列，发送方通过在发送的5个连续"1"后插入一个附加的"0"的方法来避免差错。

同步传输中，常用的位同步方法是自同步法，即发送端首先采用曼彻斯特或微分曼彻斯特编码方法，使得数据信号中的每一位中间都有跳变，接收端则可从接收到的数字信号的跳变中直接提取同步信号以实现位同步。

同步传输具有较高的传输效率，但实现起来较为复杂。

2.5 数据调制与编码

2.5.1 数字信号调制为模拟信号

当数字信号需要经过模拟信道传输时，数字信号必须调制成模拟信号。目前，通过对正弦波载波的3个参量——振幅、频率和初相位进行改变来对基带数字信号进行调制，分别称之为振幅键控（ASK）、移频键控（FSK）和移相键控（PSK）。

1. 振幅键控

通过改变正弦载波信号的振幅来表示数字信号0和1（见图2-7a），如图2-7b所示。ASK实现容易，但抗干扰性差，数字通信中不常用。

2. 移频键控

通过改变正弦载波信号的频率来表示数字信号0和1，如图2-7c中，用较低频率表示0，而用较高频率表示1。

3. 移相键控

通过改变正弦载波信号的初相来表示数字信号0和1，一般又可分为绝对调相和相对调相两种。绝对调相是用绝对的相位值来表示。如图2-7d中用初相位为0的表示0，而用初相位为π表示1。相对调相则是利用两个数字信号的跳变产生相位变化来表示0和1。如图2-7e所示当数字信号从0跳变到1时，相位变化π，而当数字信号从1跳变到0时，相位不发生变化。

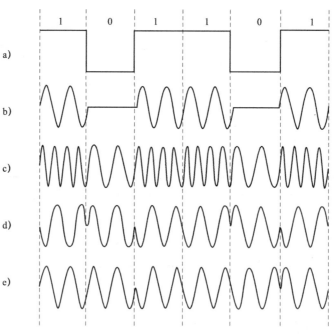

图2-7　对基带数字信号的振幅键控、移频键控和移相键控的波形

a）数据　b）ASK　c）FSK　d）绝对PSK　e）相对PSK

PSK抗干扰性好，占用频带较窄，在数字通信中较多使用，尤其是相对调相。实际应用

中，常采用多元的振幅—相位混合调制方法，以达到更高的信息传输速率。

2.5.2 数字信号编码

数字信号在进行基带传输时，需要进行编码。数字信号编码的方法有多种，这里仅介绍在局域网中常用的曼彻斯特编码和差分曼彻斯特编码。这两种编码的最大优点是，接收端可以直接从接收的位流中提取到位同步信号。

1. 曼彻斯特编码

曼彻斯特编码方法描述如下：每一个位被分成两个相等的间隔，每位中间都会出现一次电平的跳变，规定从高电平跳变到低电平时，表示这一位为1；从低电平跳变到高电平时，表示这一位为0，如图2-8c所示。

2. 差分曼彻斯特编码

在差分曼彻斯特编码中，每一个位被分成两个相等的间隔，每位中间都会出现一次电平的跳变，这和曼彻斯特编码相同。但是这个跳变并不作为0和1的标识，这一点和曼彻斯特编码方法不同。差分曼彻斯特编码方法描述如下：规定以位周期起始端的电平跳变来判定0和1。若位周期起始端的电平发生跳变，则该位为0；若位周期起始端的电平没有跳变，则该位为1，如图2-8d所示。

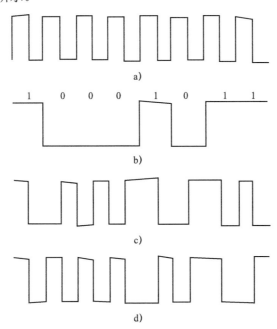

图2-8 曼彻斯特编码和差分曼彻斯特编码

a）同步脉冲 b）数据 c）曼彻斯特编码 d）差分曼彻斯特编码

由图2-8可见，差分曼彻斯特编码中，位"1"的前半个间隔的电平与上一个位的后半个间隔的电平相同；而位"0"的前半个间隔的电平与上一个位的后半个码元的电平相反。

差分曼彻斯特编码技术较复杂，但抗干扰性能较好。

2.6　差错控制编码

数字信号在传输过程中不可避免地会受到干扰，不管这种干扰是来自热噪声或者是冲击噪声都会造成传输出现差错。计算机网络必须具备差错检测和纠正的能力。目前，网络中常用的一种方法是由接收端对收到的数据进行检测，如有错误码出现，则通知发送端重新发送该数据，可以要求多次重发，直到正确收到为止，这就是检错重发法。例如，自动请求重发（Automatic Repeat reQuest，ARQ）系统就是使用的检错重发方法。在这种方法中，接收端仅知道接收的数据中有错码，但不需要知道错码出现在什么位置。

由于数据中出现错误码的随机性，要使得接收端能在接收到的数据中发现错码，必须进行差错控制编码。具体方法是发送端在发送数据时，增加一些二进制位，这些多余发送的位称为冗余位，又称监督位。可以证明，如果冗余位和数据位之间存在着某种关系，则接收端就可以检测出传输过程中出现的错误码。这种以某种方式在发送的数据中增加冗余位（编码）的方法称为差错控制编码。

计算机网络中常用的是循环冗余校验方法。循环冗余校验（Cyclic Redundancy Check，CRC），其基本思想是，发送方首先选定一个生成多项式，将待发送的数据按一定的规则运算（模2除法）而得到冗余码，然后将数据和冗余码一起构成循环冗余校验码发送。接收方按同样的规则运算（模2除法），并根据余数是否为0即可判定传输中是否有错。

循环冗余校验方法检错能力强，易于硬件实现，在计算机网络中得到广泛应用。

2.7　多路复用技术

在计算机网络中，常使用多路复用技术，以便充分有效地利用传输介质，提高物理线路的利用率。多路复用技术可以将两个或多个彼此独立的信号组合起来形成一个复合信号，再通过一条公用信道进行传输。

多路复用技术包含复合、传输、分离三个过程，如图2-9所示。其中，多路复用器在发送端复合多路信号，接收端将复合信号分离出原始信号。目前，多路复用技术常用的有频分复用技术、时分复用技术、码分复用技术和波分复用技术。

图2-9　多路复用技术中的复合、传输、分离三个过程

2.7.1　频分复用技术

频分复用技术（Frequency Division Multiplexing，FDM）的原理是利用频谱搬移技术来实

现多路信号复合传送。从信道带宽的角度来看，频分复用技术是用频率分割的方法将一条物理信道的频带固定分成若干个较窄的子频带，并且各子频带之间保留一个保护带（一定的频宽）。这样，每个子频带构成一个子信道，可以独立地传输一路信号，如图2-10所示。

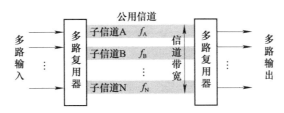

图2-10　频分复用技术原理多路输出

频分复用技术中的复合信号也称为宽带信号。被复合的各路信号必须是模拟信号。如果发送端发送的是数字信号，则需要将它变成模拟信号后再来进行复合。

2.7.2　时分复用技术

时分复用技术（Time Division Multiplexing，TDM）是将一条物理传输信道分割成若干个短的时隙，并且各时隙之间保留一个保护带（一定的时间间隔），这些时隙轮流分配给多个信源使用。每一信源依次可分得一个时隙，并可使用信道的全部带宽，若干个短的时隙则构成一个复合帧，如图2-11所示。显然，要求这条物理传输信道的最高传输速率必须超过待传输的多路信号传输速率之和。

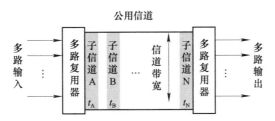

图2-11　时分多路复用原理多路输出

时分多路复用又可以分为同步时分复用（Synchronous TDM，STDM）和异步时分复用（Asynchronous TDM，ATDM）。STDM主要用于电话系统中，而ATDM则主要用于计算机网络中。

1．同步时分多路复用

同步时分多路复用（STDM）采用固定时隙的分配方式，即将一个帧中的一个时隙固定分配给某一个信源使用，无论信源是否有数据发送，都要占用一个时隙。显然，当信源没有数据发送时，该时隙就会成为空闲时隙而浪费信道资源，一个时隙能传输一个由位、字符或分组等构成的数据单元，这些数据单元形成交错复用分别称为位交错复用、字符交错复用和分组交错复用。图2-12描述了一个由4个信源组成的，数据单元为字符的字符交错复用。图2-12中可以看出第1、3、4、5帧都有空闲时隙。

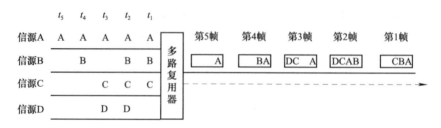

图2-12　数据单元为字符的字符交错复用

2. 异步时分复用

异步时分复用（ATDM）动态地分配时隙，即当信源需要发送数据时，提出请求才将时隙分配给该信源，对那些在指定时刻不发送数据的信源，则不分配时隙。这种方法又称为统计时分复用或智能时分复用。异步时分复用可以充分利用信道，每个信源的数据传输速率可以高于信道的平均速率。但是，异步时分复用不像同步时分复用那样采用时隙序号和信道序号之间固定的对应关系，所以在发送数据中要求加入地址等识别标记。图2-13描述了一个由4个信源组成的，每帧中包含3个时隙的异步时分复用例子。图2-13中可以看出每个时隙都附有地址信息（图中阴影部分即表示的是地址信息）。

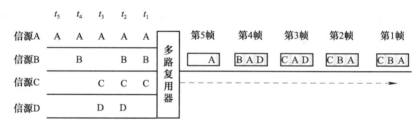

图2-13　每帧中包含3个时隙的异步时分复用

2.8　数据交换技术

在数据通信中，任意两个收发端点之间，特别是远距离的收发端点之间直接连接专线的方法显然是不现实的。计算机网络中是通过使用数据交换技术，在一个通信子网中进行交换（转接）来实现任意两个端点之间的连接，从而将数据从发送端经过相关节点，逐点传送到接收端。

目前，常用的网络交换技术有线路交换技术、报文交换技术和分组交换技术。

2.8.1　线路交换技术

线路交换技术（Circuit Switching）在数据传输之前，必须在发送端和接收端之间建立起一条实际的专用线路，然后才能开始进行数据传输。并且，在整个数据传输期间，该专用线路一直为收发两端占用，直到数据传输结束才释放它。传统的电话网就是采取的这样一种交换技术。

完成一次线路交换包括线路建立、数据传输和线路拆除3个阶段。

首先，由发送端发出"连接呼叫"请求，通信子网按照一定的路由算法，将该请求逐个节点转发（可能要跨越多个中间节点），最后传送到接收端。如果接收端同意通信，则从原路返回一个应答信号。至此，发送端和接收端之间的专用线路即建立起来。显然，这条专用线路是由一系列中间交换节点串接而成。

然后，发送端将数据经过这条专用线路传输，直至全部数据发送完毕。

最后，发送端将数据全部发送完毕后，如果接收端已全部正确接收，则可以将该专用线路进行拆除。

线路交换的过程十分类似于日常生活中的电话通信，要经过拨号、通话、挂机三个步骤。线路交换的最大优点是数据传输可靠性高、实时性好，缺点是通信网络利用率低、费用较高。

2.8.2　报文交换技术

将一个完整的信息块，例如一个文件或一个电子邮件，封装上目的地址、源地址及相关控制信息即构成一个报文。这种报文的长度无法确定。报文交换中，数据是以报文为逻辑单位，一次传送一个报文。

报文交换（Message Switching）技术不需要像线路交换那样使用专用线路。通信子网中的每个交换节点可以独立地为报文选择传输路经，即路由选择。通过这种方法，从发送端开始，报文在通信子网中被逐点传输给下一个节点，直至接收端。每个报文在传输过程中只是一段段地临时使用线路，而不是占用整条端到端的线路。

报文交换方式属于存储转发方式的一种。通信子网中的节点必须具有报文接收、差错校验、数据存储和转发的功能。

尽管相对线路交换而言，报文交换不需要专用线路，提高了网络资源的利用率，但由于报文的长度往往可达几千至几万字节，甚至更长，报文交换时，中间节点对报文存储转发的时间相应较长。因而，报文交换不适于实时性要求较高的计算机网络通信。一般计算机网络中不使用报文交换技术。

2.8.3　分组交换技术

目前，计算机网络中常使用的是另一种存储转发交换技术——分组交换（Packet Switching）技术，又称为包交换技术。这里，分组是交换的基本数据单元。

分组是由报文分成若干个片段，每个片段封装上目的地址、源地址及相关控制信息而构成。每个分组的长度相同，并且分组的最大长度被限制在100~1000字节之间。

尽管分组交换技术的存储转发基本原理相同于报文交换技术，但由于每个分组的长度远小于报文长度，并且各分组长度相同，使得节点接收、存储、转发所花费的时间明显减少，提高了交换速度。

目前，常见的数据通信网络，如X.25网、帧中继网、B-ISDN网、ATM网都是采用的分组交换技术。

分组交换可采用数据报分组交换和虚电路分组交换两种传输方式。

1．数据报分组交换技术

分组在数据报分组交换中被称为数据报。发送端将一个报文的若干个分组依次发往通信子网。子网中的每个节点独立地进行路由选择。由于路由选择时要根据当时的网络流量和故障等情况来决定，所以各个数据报在传输过程中所经过的节点可能各不相同。这样，同一个报文的各个数据报分组，可能会通过不同的路径而到达接收端。

图2-14为通过发送端向接收端发送报文的过程，说明了数据报工作的基本原理。

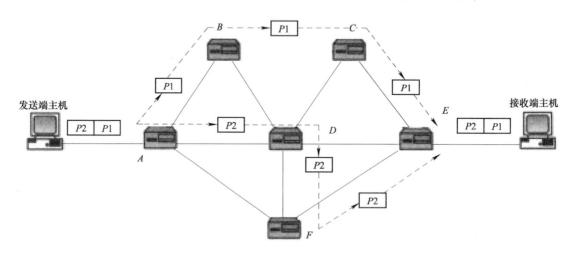

图2-14　数据报工作的基本原理机

1）发送端将报文分为若干个数据报分组。图2-14中的发送端将报文分为两个数据报分组P1和P2，其中不仅封装上目的地址、源地址及相关控制信息，还包含有分组序号，然后依次发往通信子网，图2-14中即发往节点A。

2）节点A收到一个分组后，先进行差错检测，然后根据当时的网络流量和故障等情况，启动路由算法选择应发往的下一个节点。图2-14中对分组P1选择发往节点B，而对分组P2则重新选择发往节点D。

3）同样的道理，后续节点依次进行路由选择。图2-14中节点B为分组P1选择下一个节点C，节点D为分组P2选择下一个节点F。依次类推，直到节点E。从图2-14中可以看出，P1所经过的路径为：发送端主机→A→B→C→E→接收端主机；P2的路径为：发送端主机→A→D→F→E→接收端主机。显然，两个分组的路径是不一样的。

从图2-14中还可以看出，P1和P2到达接收端主机的顺序有错，这可以根据分组中的分组序号重新排列。

数据报分组交换具有不需要建立连接，不同分组经由不同的路径的特点，因此传输速度较快，网络资源利用率较高，通信费用较低。但是数据报分组交换也有易出差错，如分组顺序错乱、重复和丢失等缺点。

数据报分组交换是一种面向无连接的分组交换。

2．虚电路分组交换技术

虚电路分组交换是一种面向连接的分组交换。

从上述讨论中可以看出，线路交换技术传输可靠，数据报交换技术线路利用率高，虚电路分组交换技术正是将上述两种交换技术的优点结合起来的一种数据传输技术。

虚电路交换技术的基本思想：在分组发送前，发送端与接收端需要先建立一个逻辑连接，即建立一条虚电路；然后各分组依次经这条虚电路传送；数据传输结束后，这条虚电路被拆除。

从一个报文发送时需要经过虚电路的建立、维持和拆除三个阶段来看，它和线路交换技术相似。但虚电路不是线路交换中的专用线路，由于其他报文的分组也可能使用该虚电路上的各段线路，因此分组在途经的各个节点上要有接收、存储和转发的过程，这一点又和数据报分组方式相同。由此看来，虚电路仅是一个逻辑连接，并不是线路交换技术中的实际连接。

从图2-15中可以看出，分组P1和P2到达接收端主机的顺序不会出错，因此数据传输过程中不会出现乱序、丢失和重复现象。

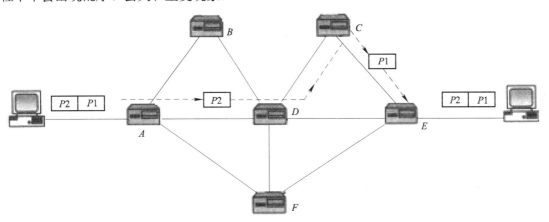

图2-15　虚电路工作的基本原理

本章小结

通过学习信号、信道、信号带宽、信道带宽和信道容量等通信方面的基本概念，掌握数据的多种传输方式，包括基带传输、频带传输、宽带传输、并行传输和串行传输、单工通信、半双工通信和全双工通信的概念。同时还学习了计算机网络通信中的许多基本概念：异步传输和同步传输、数字信号调制和数字信号编码、网络传输差错控制编码、频分复用技术（FDM）和时分复用技术（TDM）。在数据通信网的数据交换技术中，学习了线路交换、报文交换和分组交换技术的基本思想及其主要特征。

习题

一、单项选择题

1）计算机内的传输是_____传输，而通信线路上的传输是_____传输。

　　A. 并行，串行　　　　　　　　　　　B. 串行，并行

C. 并行，并行　　　　　　　　　　　　D. 串行，串行

2）在通信前，先把从计算机或远程终端发出的数字信号转换成可以在电话线上传送的模拟信号，通信后再将被转换的信号进行复原的设备是＿＿＿＿＿。

  A. 调制解调器　　　　　　　　　B. 线路控制器

  C. 多重线路控制　　　　　　　　D. 通信控制器

3）假定通信信道的带宽为6MHz，如果数字信号取4种离散值，并且不考虑热噪声，则该信道的最大数据传输率可达＿＿＿＿＿。

  A. 6Mbit/s　　　　B. 12Mbit/s　　　　C. 24Mbit/s　　　　D. 48Mbit/s

4）如果发送1bit信号的时间是0.001ms，则其数据传输速率为＿＿＿＿＿。

  A. 1000bit/s　　　B. 10 000bit/s　　　C. 100 000bit/s　　　D. 1 000 000bit/s

5）下面说法中，正确的是＿＿＿＿＿。

  A. 信道的带宽越宽，可以传输的数据传输率越高

  B. 信道的带宽越宽，可以传输的数据传输率越低

  C. 信道的带宽和数据传输率无关

  D. 信道的带宽和数据传输率在数值上相等

6）香农公式告诉人们：信道极限数据率＝$W\log_2(1+S/N)$，其中W为信道带宽，S/N为信号功率/噪声功率。但在实际使用中，＿＿＿＿＿。

  A. 可达到的信道极限值要高得多　　　B. 可达到的信道极限值要低得多

  C. 可达到该信道极限数据率　　　　　D. 可接近该信道极限数据率

7）如果将信号不经过调制直接送到信道上进行传输则称为＿＿＿＿＿。

  A. 基带传输　　　B. 频带传输　　　C. 并行传输　　　D. 宽带传输

8）下面有关"同步时分多路复用（STDM）"概念的说明中，错误的说法是＿＿＿＿＿。

  A. 采用固定时隙的分配方式

  B. 无论信源是否有数据发送，都要占用一个时隙

  C. 一个时隙能传输一个位

  D. 有些时隙会成为空闲时隙而浪费信道资源

9）频分多路复用是利用频谱搬移技术来实现多路信号复合传送。从信道带宽的角度来看，＿＿＿＿＿。

  A. 每一条子信道占有一条较窄的频带

  B. 每一条子信道占有一段固定的时隙

  C. 为了可同时传输更多的信号，各子信道的频带可以重叠

  D. 可以直接传送数字信号

10）计算机网络中常使用的是分组交换技术，交换的基本数据单元是＿＿＿＿＿。

  A. 报文　　　　　B. 分组　　　　　C. 字节　　　　　D. 位

二、多项选择题

1）下面有关"同步时分多路复用（STDM）"概念的说明中，正确的说法是＿＿＿＿＿。

  A. 异步时分复用时，当信源提出请求后才能获得时隙

B. 每个信源的数据传输速率可以高于信道的平均速率

C. 发送数据中要求加入地址等识别标记

D. 没有同步时分复用那种时隙序号和信道序号固定的对应，所以信道效率不高

2）线路交换技术在数据传输过程中，必须完成一次线路交换，其操作包括_____几个步骤。

    A. 线路建立　　　　B. 线路维持　　　　C. 线路拆除　　　　D. 线路检测

3）目前，采用的分组交换技术的数据通信网络包括_____。

    A. X.25网　　　　　B. 帧中继网　　　　C. B-ISDN网　　　　D. ATM网

4）计算机网络中采用存储转发技术进行交换的有_____。

    A. 线路交换　　　　B. 报文交换　　　　C. 数据报交换　　　　D. 虚电路交换

5）_____是用于差错控制的编码。

    A. 奇偶校验编码　　　　　　　　B. 循环冗余校验

    C. 曼彻斯特编码　　　　　　　　D. 差分曼彻斯特编码

6）循环冗余校验编码由_____组成。

    A. 待发送数据的二进制位

    B. 接收到数据的二进制位

    C. 由生成多项式经计算产生的冗余位

    D. 由生成多项式系数组成的二进制位组合

三、判断题

1）在数字通信中一个信号的比特率一定大于波特率。　　　　　　　　　　（　　　）

2）曼彻斯特编码和差分曼彻斯特编码在每一位的中间均有一次波形跳变。　（　　　）

3）循环冗余校验码的编码中，实际发送的二进制位数比原信息的二进制位数要多。

                                                             （　　　）

4）数据报分组交换技术中，虽然各分组途经不同的路径到达目的节点，但是它们不会丢失，顺序也不会发生混乱。　　　　　　　　　　　　　　　　　　　　（　　　）

5）虚电路分组交换技术中，各分组经相同的路径到达目的节点。　　　　（　　　）

6）虚电路分组交换技术中，数据发送前必须建立虚电路，数据传输结束后必须释放虚电路。　　　　　　　　　　　　　　　　　　　　　　　　　　　　　　　　（　　　）

四、思考题

1）从香农公式中，可以看出信号带宽和信道带宽有什么关系？

2）数据传输方式按传输的信号分类，可以分为哪几类？各自具有什么特点？

3）异步传输和同步传输有哪些区别？其中最根本的区别是什么？

4）频分多路复用技术和时分多路复用技术有什么差别？

5）简述循环冗余校验码在差错检测过程中的基本操作。

6）已知循环冗余校验码中使用的生成多项式 $G(x)=x^4+x^3+1$，目的节点接收到的二进制位序列为110111011（含CRC冗余位）。请判断传输中是否有误，为什么？

第3章　网络体系结构的基本概念

学习目标

1）了解网络通信协议和网络体系结构的定义、层次结构。

2）了解OSI参考模型的7层模型和各层的主要功能，学习其中涉及的对等实体、协议、实际数据流动、虚拟通信和各层的数据单位等概念。

3）了解物理层的4个基本特性：机械特性、电气特性、功能特性和规程特性，并学习一个物理层协议实例——EIA RS-232标准。

4）了解数据链路层的基本功能、停止等待协议、连续ARQ协议、选择重传ARQ协议和滑动窗口的概念，以及一个数据链路层协议实例——HDLC。

5）了解网络层的基本功能和服务，学习网络层的重要概念路由选择，以及X.25协议和帧中继的基本概念。

6）了解传输层、会话层、表示层和应用层的主要功能。

3.1　网络通信协议和网络体系结构定义

3.1.1　网络通信协议

1. 网络通信协议的定义

网络通信协议也简称为网络协议。计算机网络中多个互联的节点需要进行数据通信，为了做到有条不紊地交换数据，每个节点都必须遵守一些事先约定好的规则。这一点和现实生活中的其他通信是相似的。例如，写信的时候，信封格式中就对收信人地址、发信人地址的书写位置有明确的规定，同时，通信双方对信函的内容也一定事先有许多共识，否则信函无法投递，收信人也很难理解其中的含意。这些规定和共识就是"协议"，可以说，有通信的地方就有协议。

计算机网络通信也是一种通信，但远比信函投递复杂。具体来说，网络通信中要完成诸如信息表示、对话控制、顺序控制、路由选择、链路管理、差错控制、信号传送与接收等问题。因此，网络通信中必须精确地规定网络中计算机通信时所交换数据的内容、格式和时序。这些为网络数据通信而制定的规则（约定或标准）称为网络协议。

网络协议从本质上来看是计算机网络中各节点数据通信时使用的一种"语言"，它是组成计算机网络不可缺少的一部分。

2. 网络协议的3个要素

一个网络协议应包含以下3个要素，即语法、语义和时序。

（1）语法　即交换数据和控制信息的结构和格式。例如，一个协议可以定义数据中的若干个字节为目的地址，其后又是若干字节为源地址，接着才是实际要传输的信息本身。

（2）语义　即控制信息的含义。例如，何种控制信息的发出、动作及应有的响应。

（3）时序　即通信中事件的实现顺序。

也许上面的描述比较抽象，如果引用人们交谈作为例子，可以将三个要素分别理解为双方之间"如何讲""讲什么"和"说话顺序"。

3．网络协议的层次结构

一个功能完备的计算机网络需要完成的通信任务是十分复杂的，所以相应的网络协议也必然会是十分复杂的。为了很好地制定和实现协议，人们采用层次结构模型来描述网络协议，每一层定义了一个或多个协议，以完成相应的通信功能。

为了更好地理解网络协议分层的作用，下面以日常生活中的邮政通信为例，引出层次结构模型概念。

当甲方向乙方通过邮政系统传送信函时，一般来说，应涉及通信者、邮局和运输部门。整个通信过程可用一个具有三个层次的模型来描述，如图3-1所示。

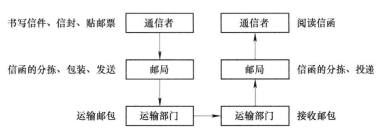

图3-1　一个具有三个层次的邮政投递系统模型

图3-1中最高层为通信者层，中间为邮局层，下面为运输层。甲、乙双方的信息交换必须经由三层合作才能完成。

如果进一步讨论，该模型中体现了"分工合作"的思想。"分工"是说模型中通信者甲方只负责按事先约定的格式来书写，乙方负责阅读信函内容；邮局层负责对信函的分拣、包装、发送和投递；运输层则负责将信函实际从一地运输到另一地。这样，一个任务分解成若干层而各层独立地分别实施，每一层只需要关心自己所需要做的工作。"合作"体现在除本层的工作外，其余的工作均由下层提供的"服务"来完成。例如，通信者层只关心信函如何表述，至于信函如何投递则由邮局提供的服务去完成。同样，邮包在运输中可能经过多个车站转接，也可能使用不同的交通工具，但这些邮局均无须考虑，而交给运输部门去负责操作。

另外，对于每一层来说，通信时总是存在着收发双方，如通信者的甲和乙、收发方的两个邮局、收发方的两个运输部门。并且，每一层的收发双方都将按照一定的规则进行信息交换——通信。

网络结构分层的概念和上述邮政系统分层的概念很类似，由此可以引出如下一些网络中也适用的基本概念。

（1）"分层"的概念　　整个网络通信系统按逻辑功能分解到若干层次中，每一层均规定了本层要实现的功能。这种设计分析方法称为"结构化"的设计方法，要求各层次相对独立，界限分明，以便于网络的硬件和软件分别去实现。

（2）"服务"的概念　　下层向上层提供"服务"，上层使用下层的"服务"，同时又为更高一层提供自己的"服务"。由此可以看出，尽管每一层都设计了各自的功能，但各层功能之间是相互关联的。

（3）对等实体（Peer Entity）的概念　　每一层次中包括两个实体，称为对等实体。例如，邮政系统中的两个通信者、两个邮局、两个运输部门可以比喻为对等实体。

（4）"通信协议"的概念　　网络中各层的对等实体之间都将进行通信，既然有通信，各层都需要有一套双方都遵守的通信规则——通信协议。这些通信规则可能包括通信的同步方式、数据编码方式和差错处理方式等。

（5）"通信协议层次结构"的概念　　通常将第n层的对等实体之间进行通信时所遵守的协议称为第n层协议，所以通信协议也是具有层次结构的。

3.1.2　网络体系结构

1. 网络体系结构（Architecture）的定义

从网络协议的层次模型可以看出，整个网络通信功能被分解到若干层次中分别定义，并且各层对等实体之间存在着通信和通信协议，下层通过层间"接口"向上层提供"服务"。一个功能完备的计算机网络需要一套复杂的协议集。

网络体系结构定义：计算机网络的所有功能层次，各层次的通信协议，以及相邻层间接口的集合。

构成网络体系结构的分层、协议和接口是其三要素，可以表示为：

网络体系结构={分层、协议、接口}

需要指出的是，网络体系结构说明了计算机网络层次结构应如何设置，并且应该如何对各层的功能进行精确的定义。它是抽象的，而不是具体的。至于用何种硬件和软件来实现定义的功能，则不属于网络体系结构的范畴。可见，对同样的网络体系结构，可采用不同的方法，设计完全不同的硬件和软件来实现相应层次的功能。

2. 网络体系结构实例

（1）网络体系结构（System Network Architecture，SNA）　　美国IBM公司于1974年提出的世界上第一个以分层方法设计的网络体系结构，凡是遵循SNA的设备可以进行互联。

（2）数字网络结构（Digital Network Architecture，DNA）　　DEC公司于1975年提出的一个以分层方法设计的网络体系结构，适用于该公司的计算机联网。

（3）开放系统互联参考模型（Open System Interconnection Reference Model，OSI/RM）　　国际标准化组织（ISO）于1978年提出的最著名的网络互联国际标准协议。该体系结构标准定义了网络互联的七层框架。

（4）传输控制协议/互联网协议（Transmission Control Protocol/Internet Protocol，TCP/IP）　　TCP/IP形成于1977～1979年间，其最早起源于1969年美国国防部赞助研究的ARPANET

参考模型。虽然TCP/IP都符合OSURM标准，但由于它是互联网上采用的协议，所以已经成为目前最流行的商业化的协议，并被公认为当前的工业标准或"事实上的标准"。

（5）宽带综合业务数字网（Broad-Integrated Services Digital Network，B-ISDN） B-ISDN可以将各种业务，包括话音、数据、图像、活动图像等业务综合在一个网络中传送。为了支持如此众多而且特性各异的业务，除了以光缆作为其传输介质外，还采用了一种称为异步转移模式（Asynchronous Transfer Mode，ATM）的网络传输技术，因此，B-ISDN提出了一种全新的网络体系结构。

3.2 OSI/RM

有网络就有网络体系结构。在OSI/RM公布以前，许多大的计算机公司在设计、生产自己网络产品的同时，都定义了自己的网络体系结构，如IBM公司的SNA、DEC公司的DNA等。虽然这些网络体系结构都采用了分层的思想，但层次的划分、功能的分配与采用的技术术语差异极大。采用同一种网络协议的计算机可以互联以进行通信，而不同的协议之间却无法直接相联，因此形成许多"封闭"系统。显然，这种不能互联的封闭系统已不能满足人们对信息传输的要求。各种计算机系统联网和各种计算机网络的互联已成为必须解决的问题。为此，制定一个国际标准的网络体系结构也就势在必行了。

国际标准化组织（ISO）从1978年开始，经过几年的工作，于1983年正式发布了最著名的ISO 7498标准。它就是"开放系统互联参考模型"（OSI/RM）。

值得指出的是，OSI/RM只是描述了一些网络概念，并不提供可以实现的方法，所以说它只是一个技术规范，而不是工程规范。

OSI/RM是在市场已有的计算机网络体系结构的基础上，博采众长，兼顾各方而形成的。这样的一个模型庞大而全面，但其复杂性影响了其效率，以至于至今OSI/RM并没有真正流行而成为网络体系结构的国际标准。尽管如此，OSI/RM中提出的思想和概念，指导人们开发出许多有用的网络协议，并在理论探索和网络教学中起到了重要的作用。

3.2.1 OSI参考模型的层次

开放系统互联参考模型（OSI/RM）中的"开放"是指一个系统只要遵循OSI标准，就可以和位于世界上任何地方的、也遵循这个标准的其他任何系统进行通信。强调"开放"也就是说，系统可以实现"互联"。这里的系统可以是计算机和这些计算机相关的软件以及其他外部设备等的集合。

1. OSI/RM的七层模型

OSI/RM采用的是分层的体系结构。它定义了网络体系结构的七层框架，最下层为第一层，依次向上，最高层为第七层。从第一层到第七层的命名为：物理层、数据链路层、网络层、传输层、会话层、表示层和应用层，分别用英文字母PH、DL、N、T、S、P和A来表示。OSI/RM的七层模型如图3-2所示。

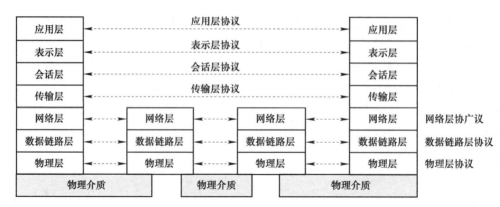

图3-2　OSI/RM结构

2．OSI/RM各层的主要功能

OSI/RM定义了每一层的功能以及各层通过"接口"为其上层所能提供的"服务"。

（1）物理层（Physical Layer）　物理层实现透明地传送位流，为数据链路层提供物理连接"服务"。

（2）数据链路层（Data Link Layer）　数据链路层在通信的实体之间负责建立、维持和释放数据链路连接。在相邻两个节点间采用差错控制、流量控制方法，为网络层提供无差错的数据传输"服务"。

（3）网络层（Network Layer）　网络层通过路由算法，为分组选择最适当的路径，并实现差错检测、流量控制与网络互联等功能。

（4）传输层（Transport Layer）　传输层完成端到端（End-to-End）的差错控制、流量控制等。这里"端"指的是主机，和数据链路层的"点—点"概念不同。传输层是计算机网络体系结构中关键的一层，它为高层提供端到端可靠、透明的数据传输"服务"。

（5）会话层（Session Layer）　会话层组织两个会话进程之间的数据传输同步并管理数据的交换。

（6）表示层（Presentation Layer）　表示层处理不同语法表示的数据格式转换、数据加密与解密、数据压缩与恢复等功能。

（7）应用层（Application Layer）　应用层是开放系统与用户应用进程的接口，为OSI用户提供管理和分配网络资源的"服务"，如文件传送和电子邮件等。

也许上面的讲述太专业化，初学者不易理解，那么可以借用下面的比喻来描述OSI/RM中几个主要层次的功能，以便建立一个网络通信分层模型的直观印象。

1）应用层：这次通信要做什么？

2）传输层：对方的位置在哪里？

3）网络层：到达对方位置走哪条路？

4）数据链路层：沿途中的每一步怎样走？

5）物理层：每一步怎样实际使用物理介质？

3．OSI/RM中的对等实体和协议

OSI/RM中每一层次中包括两个实体，称为对等实体（Peer Entity）。每层对等实体之间

都存在着通信，即信息交换，因此定义了七层协议，分别以层的名称来命名。各层协议定义了该层的协议控制信息的规则和格式，各层协议的集合构成网络协议。

3.2.2 OSI/RM中的数据流动

1. 发送端的数据流动过程

在OSI/RM层次结构中，在进行数据通信时，不同系统应用进程的数据传递过程在发送端可描述如下：

1）发送端的应用程序P_A将用户数据先传送到应用层，在这里加上应用层协议控制信息（PCI）后，构成应用层的协议数据单元（PDU）。

2）应用层将本层的PDU通过"接口"——服务访问点（Service Access Point，SAP）下传到表示层，表示层收到该数据后，加上表示层的PCI后，构成表示层的PDU继续下传。

3）依此类推，逐层下传至会话层、网络层、数据链路层，并且各层均是本层的数据单元加上本层的PCI，构成本层的PDU，逐层通过SAP下传，直到物理层。由于物理层传送的是位流，所以不再加控制信息。

发送端的过程如图3-3所示。

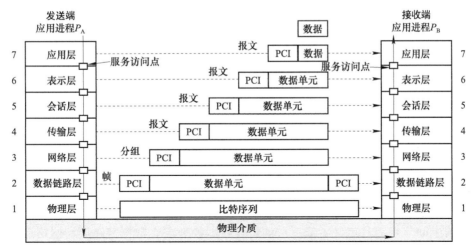

图3-3　OSI/RM的数据流动过程

2. 接收端的数据流动过程

数据流动过程中发送端层层增加协议控制信息（PCI），而接收端则刚好是一个相反的过程，层层剥去控制信息。这种控制方法使得传送一旦出现差错，可以及时发现并纠正，从而保证数据传送的可靠性。

接收端的数据流动过程描述如下：

1）在接收端从物理层接收位流，上传到数据链路层。

2）数据链路层将数据中的PCI剥去，剩下的数据单元上传给网络层。

3）依次类推，逐层上传至网络层、会话层、表示层，直到应用层，每层都要剥去数据中的PCI。最后完成把应用进程P_A发送的数据交给目的应用进程P_B。

3. OSI/RM中定义各层的数据单位

在OSI/RM中，各层的数据单位使用了各自的名称：物理层传送的是"位流"，即0、1代码串，数据单位为位；数据链路层的数据单位为帧；网络层的数据单位为分组；传输层、会话层、表示层和应用层的数据单位都统称为报文。

从发送方而言，数据从上层流动到下层。一个"报文"可能被分割成多个小的数据片段，每个数据片段加上相应的协议控制信息，即报头，而封装形成"分组"，每个分组加上必要的协议控制信息而形成"帧"。在接收方，则刚好是一个反向的过程，即逐层剥去协议控制信息，并进行组装，以还原数据。

3.2.3 OSI/RM中的虚拟通信和实信息流

从数据流动过程来看，应用进程P_A的数据要经过发送方由上层到下层，接收方由下层到上层的传送才能到达应用进程P_B。但是，用户感觉到的是应用进程P_A直接把数据交给应用进程P_B，而对整个实际的传送过程完全透明。这时，应用进程P_A和P_B之间好像存在一条信道，这条信道称之为虚拟通信路径（或逻辑信道）。用户感觉到的应用进程P_A和P_B之间的通信称之为虚拟通信。

同理，任何两个对等实体之间也存在着虚拟通信。发送方仿佛都进行了"向对方发送"，接收方仿佛都进行了"从对方接收"的操作。图3-3中水平虚线就是表示的虚拟通信。虚拟通信可以理解为是对等实体之间将本层协议数据单元（PDU）直接传送给对方。这就是对等层之间的通信。所谓的各层通信协议就是针对各个对等层之间传送数据而言的。

实际的数据传输过程即实信息流在发送方和接收方都是沿垂直方向进行的，仅在物理介质中沿水平方向传送。

3.2.4 OSI/RM中的中继开放系统

一般来说，从发送方到接收方的数据传输往往需要经过中间节点转发。OSI/RM对这些转发数据的中间节点，只定义了低三层的协议，即物理层、数据链路层和网络层，并称为中继开放系统。

实际的数据传送过程中，中继开放系统也要进行相应协议层的处理，数据在每个节点中经历了接收和发送两个过程。

3.3 物理层

物理层是OSI/RM中的最底层。它的功能包括三个方面：完成物理链路连接的建立、维持与释放；传输物理服务数据单元（SDU）；进行物理层管理。但是，物理层并不是指连接计算机具体的传输介质。网络中使用的传输介质是多种多样的，物理层正是要使得数据链路层在一条物理传输介质上，可以透明地传输各种数据的位流，而完全感觉不到这些介质的差异。

3.3.1 物理层的特性

讨论物理层协议时，常使用数据终端设备/数据电路端接设备（DTE/DCE）模型，如图3-4所示。图中数据终端设备（Data Terminal Equipment，DTE），是指信源或信宿设备，如主机、终端和各种I/O设备等。DTE虽然有一定的通信处理能力，但通常在连接到传输网络时，还要使用一个数据电路端接设备（Data Circuit-terminating Equipment，DCE）。常见的DCE如调制解调器、多路复用器等。调制解调器进行数字信号和模拟信号之间的转换，多路复用器进行并行数据和串行数据之间的转换。由此可见，DCE在DTE和传输网络之间提供信号变换和编码，是用户设备接入网络的连接点。

图3-4　DTE/DCE模型

物理层协议即是关于在DTE和DCE之间的接口及其传输位的规则，因此也常称为物理层接口标准。物理层协议规定了DTE/DCE接口标准的四个特性，即机械特性、电气特性、功能特性和规程特性。

1. 机械特性

机械特性规定接口所用接线器的形状、几何尺寸、引线数目和排列方式等。与日常生活中的电源插座类似，大小尺寸上必须有标准。

2. 电气特性

电气特性规定了DTE和DCE之间多条信号线的连接方式相关的电气参数。主要内容包括信号"1"或"0"的电平范围、驱动器的输出阻抗、接收负载的输入阻抗、传输速率和传输距离的限制等。

3. 功能特性

功能特性对接口连线的功能给出确切的定义。它指明某条连线上的某种电平所表示的含义。按功能可将接口信号线分为数据信号线、控制信号线、定时信号线、接地线和次信道信号线5种。

4. 规程特性

规程特性规定了使用接口线实现数据传输时的控制过程和步骤。这里强调的是过程特性。例如，在物理链路建立、维持和解释连接时，DTE/DCE双方在各自电路上的动作序列。不同的接口标准，其规程特性也不同。

3.3.2 物理层协议实例

电子工业联合会（EIA）和国际电信联盟电信标准化部（ITU-T）为DTE/DCE接口制定了许多标准。下面介绍EIA制定的两个标准。

1. EIA RS-232标准

EIA RS-232于1962年颁布，后陆续修改为RS-232A、RS-232B、RS-232C、RS-232D多个版本。

EIA RS-232是专门为DTE通过模拟电话网进行通信而设计的。由于DTE必须使用调制解调器（Modem）才能上电话网，因此，RS-232实际上就是DTE和Modem之间的物理层接口。这里Modem就是一个数据电路端接设备（DCE）。目前EIA RS-232已成为一个事实上的国际标准。

（1）RS-232标准的机械特性　RS-232采用和ISO 2110兼容的标准，如图3-5所示。具体规定包括：

1）引脚数为25，分上下两行排列，上排为13个，下排为12个。

2）两端固定点之间的距离为46.91～47.17mm。

3）DTE和DCE各有一个阴阳属性相反的插头，以便连接。DTE上使用带插针的连接器，DCE上使用带插孔的连接器。

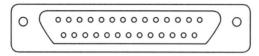

图3-5　RS-232标准的机械特性

（2）RS-232标准的电气特性　RS-232标准的电气特性规定了数据和控制信号的电压范围，以及阻抗值等电气参数：

1）表示逻辑"1"的电平值为-15～-3V负电平。

2）表示逻辑"0"的电平值为3～15V正电平。

3）驱动器输出阻抗小于300Ω。

4）接收器的输入阻抗在3～7kΩ之间。

5）最高数据传输率为20kbit/s。

6）最高传输距离为15m。

（3）RS-232标准的功能特性　RS-232的功能特性规定了DTE和DCE之间各个信号线的种类、功能和连接情况。

25芯接口线中，各个信号线的种类如下：

1）20根为信号线：A类为接地线，B类为数据线，C类为控制线，D类为定时线，S类为次信道信号线。次信道又称为辅助信道，速率比主信道低得多，一般用于传送一些辅助的控制信号，用得很少。

2）2根为保留线，3根未定义。

各个信号线按如下规则命名：A类、B类、C类信号线名称中的第一个字母表示类别，第二个字母表示接口线名。S类信号线名称中的前两个字母代表类别，第三个字母代表接口线名。

（4）RS-232标准的规程特性　RS-232标准的规程特性规定了DTE和DCE之间发送数据时，各个信号的时序及应答关系。

2. EIA RS-449、RS-423A、RS-422A标准

EIA RS-449、RS-423A、RS-422A系列，于1977年～1979年间颁布，其中RS-449定

义了机械特性、功能特性和规程特性；而RS-423A、RS-422A定义了电气特性，使得RS-423A、RS-422A成为RS-449标准的子集。

3.4 数据链路层

3.4.1 数据链路层的基本概念

1. 点—点通信和数据链路

点—点通信是在相邻节点之间通过一条直达信道进行的通信。点—点通信中定义链路为：一条中间没有任何交换节点的点到点的物理线段。当采用复用技术对一条物理链路进行分割时，一条链路上可以产生多条数据链路，数据链路也称为逻辑链路。

2. 数据链路层的基本功能

在计算机网络中，各种干扰是不可避免的，物理链路不可能绝对可靠。由于数据链路层介于物理层和网络层之间，它必须能够在物理层提供物理连接的基础上，向网络层提供可靠的数据传输。也就是说，在不太可靠的物理链路上，向网络层提供一条透明的数据链路。因此，数据链路层具体来说具有以下主要功能。

（1）链路管理　在发送端和接收端之间，即在链路两端建立、维持和释放数据链路。

（2）帧的装配　数据链路层协议中传输的数据单元是帧。前面讲过，在发送端，帧是由网络层传下来的分组，加上数据链路层协议的协议控制信息装配而成。当然，在接收端，是剥去协议控制信息后，将分组再上交给网络层。

（3）帧同步　帧同步是为了接收端能够从收到的位流中准确地识别出一个帧的开始和结束。实现帧同步的方法有4种：字节计数法、字符填充法、位填充法和违法编码法。

（4）流量控制　数据链路层的流量控制是相邻节点之间的流量控制。通过对发送端发送数据速率的控制，使得接收端来得及接收，以防止接收端由于端缓存能力不足而造成的数据丢失。

（5）差错控制　数据链路层的差错控制是保证相邻节点之间数据传输的正确性。通常采用检错重传方法，即接收端检查接收到的数据帧是否出错，一旦出错则让发送端重发这一帧。

（6）寻址　在点—点式链路中不存在寻址问题，但在多点式链路中，接收端要知道哪个节点发来的数据，就必须知道发送端的地址。

3.4.2 停止等待协议

1. 停止等待协议（Stop and Wait）原理

停止等待协议的基本思想：发送端对发送的数据帧加上校验码进行顺序编号，每次按顺序发送一个帧，然后等待接收端的响应帧，并且根据响应帧来决定发送下一个帧还是重发原来的帧。

下面通过结合数据传输的实际情况，介绍停止等待协议的具体操作。

1）发送端将序号为N（S）的数据帧发送给接收端，如果数据帧在传输中没有差错，则接收端可以根据数据帧中的校验码判定数据帧正确，于是向发送端返回一个确认帧（ACK）。发送端据此发送下一个数据帧（编号为N(S)+1的帧），如图3-6a所示。

2）发送端将序号为N(S)的数据帧发送给接收端，现假设数据帧在传输过程中出现了差错，则接收端可以根据数据帧中的校验码很容易地检测到数据帧已经出错，并向发送端返回一个否认帧（NAK），要求重发出现差错的那个数据帧。如果多次出现差错，则需要进行多次重发，如图3-6b所示。

3）如果发送端发出的N(S)号数据帧在传输过程中丢失，显然接收端没有收到数据帧则无法发出响应帧，而发送端没有收到响应帧则不会再发送下一个数据帧，由此将出现"死锁"。

停止等待协议解决死锁的办法是设置一个"超时定时器"。每当发送端发送完一个数据帧后，立即启动超时定时器，在规定的定时时间内，如果未收到接收端返回的响应帧，则重发该数据帧。这种方法称为"超时重发"，如图3-6c所示。

4）数据传输过程中，接收端返回给发送端的响应帧也可能丢失，根据停止等待协议的超时重发机制，接收端将收到两个同样的数据帧，即出现"重复帧"的差错。由于每个数据帧都带有发送序号N(S)，所以接收端比较发送序号则可判断重复帧。如果两次收到的数据帧发送序号相同，则可判定上次返回的确认帧丢失。于是丢弃重复帧，并向发送端补发一个确认帧，如图3-6d所示。

如果发送端的数据帧出错重发是自动进行的，则这种差错控制机制称为自动请求重发（Automatic Repeat Request，ARQ）。因此，停止等待协议又称为停止等待式ARQ协议。

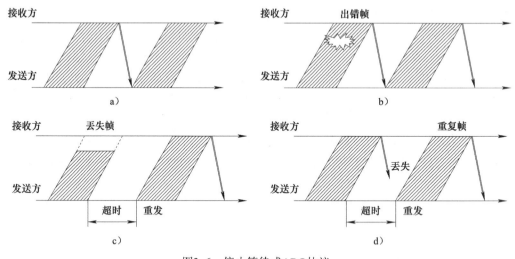

图3-6　停止等待式ARQ协议

a）无差错数据帧的情况　b）数据帧出错的情况　c）数据帧丢失的情况　d）响应帧丢失的情况

2. 停止等待协议的作用

从上面的描述可知，停止等待协议通过发送端每次发送一个帧即等待响应帧，并且根据响应帧来决定发送下一个帧还是重发原来的帧。这种方法可用于链路差错控制，解决诸如数据帧出错、丢失和重复的问题。

由于发送端如何发送取决于接收端，因此，发送端的发送速度完全受控于接收端的接

计算机 网络 基础

收速度，从而能够达到流量控制的目的。如果接收端处理速度慢，则可延长超时定时器设置的定时时间；如果接收端因为故障无法工作，则还可以返回拒绝接收数据的响应帧。

停止等待协议是一种最简单的差错控制和流量控制协议。它虽然比较简单，但信道的利用率不高，于是产生了连续ARQ协议和选择重传ARQ协议。

3.4.3　连续ARQ协议和选择重传ARQ协议

1．连续AR协议的基本原理

连续ARQ协议是发送端在发完一个数据帧后，不用等待接收到响应帧，即可再连续发送若干个数据帧，即使在连续发送过程中收到了接收端返回的响应帧，也可以继续发送，而不是像停止等待协议中，发完一个数据帧以后即停止下来等待响应帧。由于减少了等待的时间，必然提高信道的利用率。

由于发送端连续发送多帧，才有可能收到响应帧，如果出了差错，则需要重发差错帧和其前面若干帧，尽管其中可能有正确的帧，所以连续ARQ协议又称后退N帧ARQ协议。

2．选择重传ARQ协议

连续ARQ协议在出差错时，需要重传包括差错帧在内的多个帧，其中有原来已正确传送的数据帧，显然这种重传方式会使效率降低。特别是当物理链路质量差，误码率较高时，连续ARQ协议不一定比停等协议优越。选择重传ARQ协议则只重传出现差错的数据帧或定时器超时的数据帧，因此，可以进一步提高信道的利用率。但是接收端必须增加一定容量的缓冲区，增大了设备成本，实际中选择重传ARQ协议远远不如连续ARQ协议用得广泛。

3.4.4　滑动窗口概念

连续ARQ协议中，一旦出差错，将空传一些数据帧，显然，如果不对未被确认的帧数加以限制，则将浪费太多的时间。限制已发送而未被确认的数据帧数目的方法是在发送端设置"发送窗口"，在接收端设置"接收窗口"，并据此来对发送端进行流量控制。

发送窗口用来控制发送端在没有收到接收端确认帧的情况下，可以发送数据帧的个数，发送窗口的大小W_T则确定了这个最大的个数。传输数据时，发送端连续发送W_T个数据帧后，即停止发送，等待接收端的应答帧。当收到第一个数据帧的确认时，则发送窗口向前滑动一个间距，从而发送下一个帧。依此类推，每当收到一个数据帧的确认时，就发送下一个帧，直至结束。

接收窗口用来控制接收端允许接收的数据帧的序号。即只有接收窗口W_R内序号的数据帧才允许接收，否则一律丢弃。接收端每收到一个正确的数据帧，则向发送端返回一个确认，然后将接收窗口向前滑动一个间距，准备接收下一个序号的帧。在连续ARQ协议中W_R的大小为1。

由此可知，发送窗口是随接收窗口的滑动而滑动。当接收窗口保持不动时，发送窗口也不会滑动，这体现了接收端对发送端的控制。因为收、发两端的窗口能不断地向前滑动，所以它们又称为滑动窗口。连续ARQ协议也因此被称为滑动窗口协议。

下面的例子中用三个位表示发送序号，则序号取值0～7，假设发送窗口大小W_T为4，接收窗口大小W_R为1，滑动窗口的概念可用图3-7加以说明。

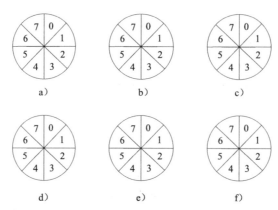

图3-7 滑动窗口的概念

a）已发送0～3号帧　　　b）已发送1～4号帧　　　c）已发送2～5号帧
d）允许接收0号帧　　　　e）允许接收1号帧　　　　f）允许接收2号帧

图3-7a发送端连续发送4个数据帧（0～3号帧）后，即停止发送，进入等待状态。

图3-7d接收窗口初始时定位于0，即准备接收0号帧。接收端一旦正确收到0号帧，则向发送端返回对0号帧的确认，接着接收窗口向前滑动一个间距。

图3-7b发送端收到对0号帧的确认后，则发送窗口向前滑动一个间距，并发送4号帧。

图3-7e接收端准备接收1号帧，一旦正确收到1号帧，则向发送端返回对1号帧的确认，接着接收窗口再次向前滑动一个间距。

图3-7c发送端收到对1号帧的确认后，发送窗口向前滑动一个间距，并发送5号帧。

图3-7f接收端准备接收2号帧，一旦正确收到2号帧，向发送端返回对2号帧的确认，接着接收窗口再次向前滑动一个间距。

显然，如此反复，可以逐个发送和接收每一个数据帧，直至结束。

实际上，停等协议的发送窗口大小W_T和接收窗口W_R均为1，而选择重传ARQ协议的接收窗口W_R应大于1。

3.4.5　数据链路层协议实例

计算机网络中一个广泛应用的数据链路层协议实例是高级链路控制规程（High Level Data Link Control，HDLC）。HDLC是以位作为传输单位的数据链路层协议。公用数据网X.25建议的LAPB协议，即为HDLC的子集。

1．HDLC的链路结构与数据传送方式

为了适应不同配置和不同数据传送方式，HDLC定义了两种链路配置和3种数据传输方式。

（1）点—点式链路结构　　点—点式链路结构又分为非平衡点—点式链路和平衡点—点式链路。

1）非平衡点—点式链路：由一个主站和一个从站组成。主站对整个链路进行控制，它发出的帧叫作命令帧；从站受主站的控制，只能完成主站指定的工作，从站发出的帧叫作响应帧，如图3-8a所示。

2）平衡链路：由两个复合站组成，复合站同时具有主站和从站的功能，既可发送命令，也可做出响应，如图3-8b所示。

图3-8 非平衡和平衡点—点式链路

a）非平衡点—点式链路 b）平衡点—点式链路

（2）多点式链路 多点式链路是由一个主站和若干个从站组成，是一种非平衡式多点链路，如图3-9所示。

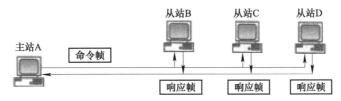

图3-9 由一个主站和若干个从站组成的多点式链路

（3）三种数据传输方式 HDLC提供了三种数据传输方式：

1）常响应式（NRM）——适用于非平衡链路。当收到主站的询问命令后，才能发送数据。

2）异步响应式（ARM）——适用于非平衡链路。只有主站才能启动数据传输。从站，仅从站不必等待主站询问就可以发送信息，启动数据传输。

3）异步平衡式（ABM）——适用于平衡链路。任何一个复合站都可以主动地启动数据传输。

2. HDLC帧的结构

数据链路层以帧为单位进行数据传输，这里的帧就是数据链路层的协议数据单元（PDU）。HDLC中数据和控制信息均以帧的格式来传送。一个完整的HDLC帧具有固定的结构，如图3-10所示。

标志	地址	控制	信息	帧校验序列	标记
F 01111110	A	C	I	FSC	F 01111110
8位	8位	8位	任意长度的位串	16位	8位

图3-10 HDLC帧结构

从HDLC的帧结构可以看出，从网络层下传的"分组"数据在数据链路层将在首尾各加上24位的协议控制信息（PCI），从而构成一个帧。

下面分别介绍帧结构中各字段的含义。

（1）标志字段F（Flag） HDLC帧的开头和结尾是一个由二进制位串01111110组成的特殊字节（8bit），称之为标志字段F（Flag）。它标志着一个帧的开始和结束。数据链路层根据这个标志来解决帧的同步问题。在接收端，只要读到这两个标志字段，表示其间的位流就是一个帧。

由于数据是随机组合的，如果在两个标志字段之间的位流中也出现01111110位串，则会被误认为是帧边界。为了避免这种错误，HDLC采用位填充技术，即在发送端对一串比特流尚未加上标志字段时，先逐位描整个位串，一旦发现有5个连续的"1"，则在其后填入一个"0"，以此确保在位流中不会出现0111110的组合（F标志）。在接收一个帧时，当找到F字段时，也对位流进行逐位扫描，当发现5个连续"1"时，就将这5个连续"1"后的一个"0"删除，以此将位流还原。这种不会引起对帧边界的错误判断的传输称之为透明传输。

（2）地址字段A　HDLC帧中的地址字段A总是表示从站（对非平衡式）或应答站（对平衡式）的地址。另外，全"1"地址表示是广播地址，全"0"地址无效。因此，一条链路上最多可以连接254个从站。

（3）控制字段C　HDLC的控制字段C是最复杂的字段。用于识别数据与控制信息的类型和功能。根据该字段最前面两个位的取值，可以将HDLC帧划分为三大类：信息帧（I帧）、监督帧（S帧）和无编号帧（U帧）。各种帧的具体功能可看后续内容。

（4）信息字段I　HDLC是数据链路层的协议，信息字段I就是从网络层下传的"分组"，其长度没有具体规定，实际使用中根据具体通信设备的缓冲区容量大小来决定。

（5）帧校验序列（Frame Check Sequence，FSC）　HDLC设置帧校验序列FCS字段用于差错控制中来进行检错。该字段长16bit，采用循环冗余校验，生成多项为$x^{16}+x^{12}+x^5+1$，校验范围为地址字段A，控制字段C和信息字段I。

对于纠错，采用ARQ协议。即收到正确的数据帧时，则返回肯定应答信号：收到错误的数据帧时，则返回否定应答，并要求发送方重发；如果有数据帧丢失，则采用超时重发机制。

3. HDLC帧类型

根据控制字段C第1、2位的取值，HDLC帧可划分为信息帧（I帧）、监督帧（S帧）和无编号帧（U帧）。三种帧的控制字段见表3-1。

表3-1　控制字段划分信息帧（I帧）、监督帧（S帧）和无编号帧（U帧）

控制字段位（C）	1	2	3	4	5	6	7	8
信息帧（I帧）	0	N（S）			P	N（R）		
监督帧（S帧）	1　0		S_1　S_2		P/F	N（R）		
无编号帧（U帧）	1　1		M_1　M_2		P/F	M_3　M_4　M_5		

（1）信息帧（I帧）　信息帧包含着要传送的数据，并且捎带传送流量控制、顺序控制和差错控制的信息。信息帧中控制字段的第一位为0，其中：

1）N（S）为发送序号，表示当前发送的信息帧的序号。

2）N（R）为接收序号，表示所希望收到的帧的序号，这里同时表示序号N（R）以前的各帧都已正确收到（但不包括N（R）帧）。

3）N（S）和N（R）都以8为模计数，用于避免数据帧的丢失和重复。对以前帧的确认通过当前帧的发送而捎带给对方，这种机制称为"捎带确认"。

（2）监督帧S　当不使用捎带机制时，监督帧用于传输提供实现ARQ的控制信息。

监督帧中控制字段的第一、二位分别为1、0，由第三、四（S_1，S_2）位的取值而产生四种监督帧，见表3-2。

第 3 章 网络体系结构的基本概念

表3-2　四种类型的监督帧

S_1	S_2	帧　名	功　能	备　注
0	0	RR（Receive Ready）接收准备就绪	确认。序号N（R）-1及以前各帧均已正确接收，准备接收N（R）及以后各帧	相当于确认帧ACK
1	0	RNR（Receive Not Ready）接收未准备就绪	确认。序号N（R）-1及以前各帧均已正确接收，暂停接收N（R）帧	相当于确认帧ACK
0	1	REJ（REJect）拒绝	拒绝接收。重发从N（R）开始的所有帧，但确认N（R）-1及以前各帧均已正确接收	相当于否认帧NAK，用于连续ARQ协议
1	1	SREJ（Selective REJect）选择拒绝	只拒绝接收N（R）帧。要求重发N（R）帧，但确认N（R）-1及以前各帧均已正确接收	相当于否认帧NAK，用于选择重传ARQ协议

RR帧和RNR帧还具有流量控制的作用，REJ和SREJ则用于差错控制。所有的监督帧都没有信息字段，长度为48bit。

（3）无编号帧U　无编号帧提供链路管理功能，包括数据链路的建立、释放、恢复。无编号帧中控制字段的第一、二位是1、1，由第三、四、六、七、八位（M_1，M_2，M_3，M_4，M_5）可构成32种组合，目前据此定义了15种无编号帧。

3.5　网络层

3.5.1　网络层的基本概念

1．端—端通信

数据链路层只能解决点—点通信，即在两个节点之间的通信。通常两个端点（主机）之间要通过若干个中间节点，其间信道由一系列点—点链路串接而成，由此将端—端通信定义为：两个端节点通过多段数据链路连接构成通路的通信。

2．网络层的基本功能

网络层处于数据链路层和传输层之间，是通信子网的最高层。它在数据链路层提供的数据链路服务的基础上，向传输层提供通路的数据传输服务，即对传输层屏蔽通信子网的技术、数量、类型等差异。为此，网络层应具备如下主要功能。

（1）网络连接　网络层为两个端点在一个通信子网内建立网络连接，实现端—端通路的连接、维持和拆除。

（2）路由选择　通信子网中两个端点之间可能存在多条端—端通路。网络层必须要能确定一条最佳的端—端通路。具体做法是，根据通信子网的当前状态，按照一定的算法，确定通路沿途将经过的各个节点，即路由选择。

（3）网络流量控制　通过对网络数据流量的控制和管理，达到提高通信子网传输效率，避免拥塞和死锁的目的。

（4）数据传输控制　网络层的传输数据单元是分组。网络层对数据的传输控制包括报文分组、分组顺序控制、差错控制和流量控制等。

如果一对运输层实体是在不同子网上的端用户，则网络连接涉及通过网络互联的跨网端—端通路的建立、维持和拆除。这种跨网的网络连接或跨越多个通信子网，如果一对运输层实体是一个子网上的端用户，则网络连接只涉及一个子网范围内。

3. 网络层服务

网络层可以向运输层提供面向连接的网络服务和面向无连接的网络服务，以保证不同的服务质量。

（1）面向连接的网络服务　网络层提供的面向连接的网络服务具体来说就是虚电路服务。虚电路通过在两个端节点之间建立一条逻辑通路——虚电路，一个报文的所有分组将沿这条虚电路按顺序传输到接收端。但是这条虚电路并不为收发两端所专用，因此称为"虚"电路。虚电路服务是网络层向传输层提供的一种可靠的数据传输服务。

（2）面向无连接的网络服务　网络层提供的面向无连接的网络服务具体来说就是数据报服务。数据传输时不需要建立连接，每个分组作为一个数据报，都携带完整的发送端和接收端地址，在通信子网中独立地传送，即各分组独立地进行路由选择，各自所走的路径可能会不同。数据报服务由于可能出现顺序混乱，甚至分组丢失，所以数据报服务是网络层向传输层提供的一种不可靠的数据传输服务。

虚电路服务和数据报服务的差别可参看数据交换技术部分。

3.5.2　路由选择

路由选择是网络层的主要任务。在把分组从发送端传送到接收端的过程中，路由选择根据一定的路由算法，为传送的分组选择一条合适的路径。具体来说就是为进入中间节点的分组选择一条合适的输出线路。

对于数据报服务来说，每个分组经过各个中间节点时都要进行路由选择。而对于虚电路服务，仅须在每次虚电路建立时，各个中间节点作一次路由选择。

1. 路由表

为了进行路由选择，通信子网中的每个节点都保存一张路由表。图3-11是一个含有四个节点的通信子网示例，其中节点A和节点B上的路由见表3-3。根据进入该节点的分组中携带的目的节点地址，从表中选择一个输出线输出，分组从该输出线转发到下一个节点。

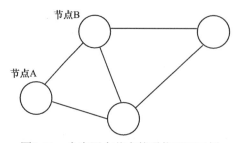

图3-11　含有四个节点的通信子网示例

表3-3 节点上路由表示例

节点A的路由表				节点B的路由表			
目的节点	B	C	D	目的节点	A	C	D
下一个节点	B	C	C	下一个节点	C	C	D

2. 虚电路入口出口表

网络层采用虚电路服务时，通信子网中的各个节点上除保存一张路由表外，还要保存一张经过虚电路入口出口表。表3-4是图3-11所示通信子网中节点B上的入口出口表示例。建立虚电路时，根据路由表依次填写端—端通路上各个节点的入口出口表；数据传输时，各节点根据该表转发数据；传输结束后，通过从入口出口表中删除相关项目，即释放虚电路。

表3-4 节点B的入口出口表示例

节点入口		节点出口	
输入线	虚电路号	输出线	虚电路号
A	0	C	0
A	1	C	1
A	2	D	0
C	0	D	1

3.5.3 路由选择算法

路由选择时需要采用一定的路由算法，使得选择的路径达到"最佳"。为此，一种好的路由算法应具备：选择的通路费用最小，计算方法简单正确，对网络变化有自适应能力等优点。

路由选择算法可按路由算法能否随网络环境的变化而能自适应地进行调整来划分，可分非自适应路由选择算法和自适应路由选择算法两大类。

1. 非自适应路由选择算法

（1）洪泛法（Flooding） 洪泛法是任何节点都把收到的分组复制备份，分别发往相邻的节点。但不包括该分组入口的那个节点。

（2）固定路由法 固定路由算法是在网络中每个节点上都存放一张预先确定好的路由表。该表在系统配置时生成，并保持相当长的时间不变。这种方法简单，但不能适应网络环境的变化。

2. 自适应路由选择算法

（1）孤立式路由选择算法 孤立式路由选择算法中，各节点"孤立"地只根据本节点的当前状态来决定路由选择，而不考虑其他节点状态。例如，热土豆算法或称最短队列算法。其方法是，对每一个收到的分组，不管它的目的地址，仅从本节点中输出队列中选择一个最短的输出线路。这种方法常被比喻成快速甩出到手的烫的热土豆一样。这种算法考虑了网络环境的变化，但输出队列最短的输出线路显然不一定是最佳路径。

（2）集中式路由选择算法 集中式路由选择算法在网络中设置一个网络控制中心（Network Control Center，NCC）。NCC负责全网状态信息的收集、路由计算以及路由选择。网中所有节点周期性地将状态参数报告给NCC，NCC据此生成各节点的路由表并周期性发给所有的节点。

（3）分布式路由选择算法 分布式路由选择算法是各节点间周期性地交换网络状态信息，因此，各节点可以不断地根据网络环境的变化而更新本节点的路由表，整个网络的路由选择常处于动态变化中。

3.5.4 网络流量控制

1．拥塞与死锁

当网络中的分组流量过大时，就会导致网络节点不能及时地转发所收到的分组，从而增加信息的传输时延。当流量增大到一定程度时，网络的性能会明显下降，这种情况称为"拥塞"。最严重的拥塞结果是使网络的吞吐量下降到零，整个网络陷于瘫痪状态，此时称为网络"死锁"。

网络产生拥塞的原因从本质上讲主要是由于突发性负载导致对网络资源（如链路容量、交换节点中的缓冲区和处理机处理能力）的需求大于供给。

2．按级进行流量控制

解决网络拥塞和死锁的方法是实施流量控制，使得网络能动态地分配资源。在分组交换网中，流量控制是按级进行的，在数据链路层、网络层和运输层都有流量控制，大致可分为4级，如图3-12所示。

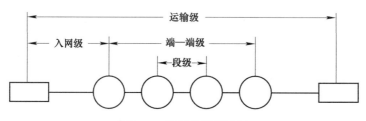

图3-12 流量的四级控制

（1）段级 在网络中的两个相邻节点之间进行流量控制，以避免缓冲区出现局部拥塞。这一级的流量控制通常由数据链路层协议来完成。

（2）端—端级 在源节点到目的节点之间进行流量控制，以避免目的节点出现缓冲区的拥塞，这一级的流量控制通常由网络层协议来完成。

（3）入网级 在用户主机和分组进入网络的入口节点之间进行流量控制，即控制从网络外部进入通信子网的分组数量，以避免整个网内部产生拥塞。这一级的流量控制通常也是由数据链路层协议来完成。

（4）传输级 在两个远程进程之间进行流量控制，以避免用户缓冲区出现拥塞。这一级主要由传输层完成。

3.5.5 X.25协议

1. X.25协议的基本概念

X.25网是世界上广泛应用的一种公用分组交换网,公用分组交换网是在整个国家或世界范围内提供电信服务的数据通信网。X.25协议规定了公用分组交换网的接口规范,即用户数据终端设备DTE与通信子网的数据电路端接设备DCE之间的接口标准,如图3-13所示。采用该建议的公用分组交换网叫作X.25网。但各厂家生产的X.25网可能完全不同。

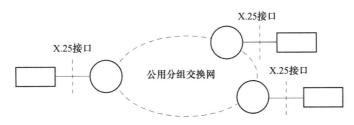

图3-13 X.25建议规定的公用分组交换网接口规范

X.25的协议是建立在速率较低、误码率较高的电缆传输介质之上的。通过差错控制、流量控制、拥塞控制等功能以保证数据传输的可靠性。X.25协议的执行过程复杂,网络传输的延迟时间较长。目前主要用于中、低速率的数据传输,是广域网的一种通信子网。

2. X.25协议的层次结构

X.25协议由物理层、数据链路层和分组层组成,对应于OSI/RM的低三层,如图3-14所示。

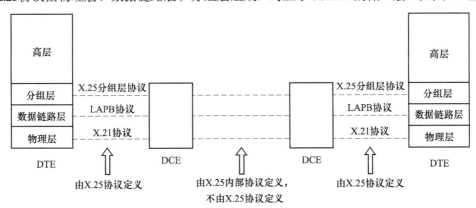

图3-14 X.25协议的层次结构

(1)物理层 完成OSI/RM中物理层的基本功能,数据单位是"位"。X.25物理层采用X.21或X.21 bis协议(相应于数字接口或模拟接口),后者实际上就是RS-232C。

(2)数据链路层 完成OSI/RM中数据链路层的基本功能,数据单位是"帧"。采用HDLC的一个子集——平衡型链路接入规程LAPB。

(3)分组层 完成OSI/RM中网络层的基本功能,它是X.25协议的核心,主要完成分组装配、分组管理、多路复用等。数据单位是"分组"。在分组层,DTE和DCE之间可以建立多条逻辑信组道(0~4095)。

公用分组交换网内部的各节点之间的协议由各个公用分组交换网自己决定,不由X.25协议定义。

3. X.25分组交换方式

X.25分组交换方式是一种可靠的面向连接的虚电路服务。它提供了交换型虚电路和SVC和永久型虚电路PVC两类。前者是在需要传送数据时建立一条临时性的虚电路，后者则是事先申请的一条固定的虚电路。

3.5.6 帧中继网

1. 帧中继（Frame Relay，FR）的基本概念

X.25的协议是建立在误码率较高的电缆传输介质之上，不得不通过差错控制、流量控制、拥塞控制等复杂的处理以保证数据传输的可靠性，因而X.25协议的传输效率不高，延迟时间较长。帧中继网则是建立在数据传输速率高、误码率低的光纤上，在认为光纤网络基本上没有传输差错的前提下，在X.25的基础上，简化了差错控制、流量控制等操作，从而实现快速交换。具体方法是节点交换机只要一检测到帧的目的地址就立即开始转发该帧，能减少网络传输延迟，所以这种帧中继的方式又称为X.25的流水方式。如检测到差错，节点立刻终止传输并提交高层协议处理。

实验结果表明，采用帧中继时一个帧的处理时间可以比X.25网减少一个数量级。帧中继网络的吞吐量要比X.25网络的吞吐量提高一个数量级以上。

2. 帧中继的基本层次

帧中继只有两个层次，舍去了X.25协议的分组层，只包含帧中继层和物理层。图3-15描述了帧中继和OSI/RM的对应关系。

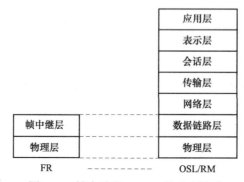

图3-15 帧中继和OSI/RM的对应关系

（1）物理层 帧中继在物理层没有定义任何具体的协议，仅提供了一些规格参数。它允许使用者自行选择。

（2）帧中继层 帧中继层使用了HDLC的一个简化版本。它虽然和HDLC帧相似，但没有控制字段。体现了简化操作。帧中继的帧格式如图3-16所示。其中，地址字段作为数据链路标识符，一般为2字节，也可扩展为3字节或4字节。其他字段可参看HDLC帧的相关叙述。

标志	地址	信息	帧校验序列	标记
F 01111110	A	I	FSC	F 01111110
8位	16位	可变长度的用户数据	16位	8位

图3-16 帧中继的帧结构

3.6 传输层

3.6.1 传运输层的作用

在OSI/RM中，常常把1～3层称为低层，主要完成通信子网的功能，是面向数据通信的；5～7层称为高层，由主机中的进程完成应用程序的功能，是面向数据处理的。而第四层传输层正位于低高层之间，起着承上启下的作用。通信子网中没有传输层协议，传输层协议存在于端主机中，能弥补和加强通信子网所提供的服务。由此可知，如果通信子网提供的服务越多，质量越高，则传输层可设计得越简单；反之，则传输层必须设计得复杂，以保证为上层应用程序提供可靠的数据传输服务。例如，如果通信子网的网络层提供的是可靠的面向连接的虚电路服务，则传输层可以简单一些；如果网络层提供的是不可靠的面向无连接的数据报服务，则应采用较为复杂的传输层协议。

3.6.2 传输层的功能

1. 传输层连接管理

传输层向高层协议提供面向连接和无连接两种服务。对于面向连接的传输服务，传输层向高层协议提供一条可靠的端—端连接，这里强调的是进程—进程的连接。传输层连接分为连接建立、数据传输和释放连接三个阶段。

2. 屏蔽通信子网的差异

网络层可以提供虚电路服务和数据报服务，其服务质量，如可靠性等性能均有很大差异，但从高层协议来看，应该得到统一的通信服务，传输层正是屏蔽了提供不同服务质量的通信子网的差异，向上提供标准的完善的服务。

3. 进程寻址

通信子网中的寻址仅能提供从源主机到目的主机之间的通信寻址，没有程序或进程的概念，因而无法满足多任务多系统的需要。为了解决当通信子网把数据传输到目的主机时，由哪个进程来接收和处理的问题，传输层必须解决进程寻址。传输层寻址如图3-17所示。

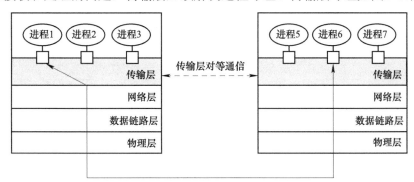

图3-17 运输层进程寻址

4. 复用

传输层能提供向上复用和向下复用。向上复用是把多个传输连接复用到一条网络层连接上，即多个进程复用一条网络层连接，以降低使用费用；向下复用则是一个传输连接使用多个网络层连接（分流），以提高数据传输率。

5. 可靠性传输

传输层通过差错控制、序列控制、丢失和重复控制来实现数据的可靠性传输。

3.7 高层协议

到目前为止，物理层、数据链路层、网络层和传输层都是要解决数据的正确传输的问题，即是面向通信的。而高层协议是要解决数据处理的问题，是面向应用的。OSI/RM中，高层协议包括会话层、表示层和应用层协议。

3.7.1 会话层

会话层实体在进行会话时，不再考虑通信问题。会话层主要是对会话用户之间的对话和活动进行协调管理。会话层服务主要具有以下3个功能。

1. 会话连接管理

会话（Sessions）是指在两个会话用户（表示实体）之间建立的一个会话连接。一个会话持续从表示实体用请求建立会话连接到会话释放的整个时间。会话连接将映射到运输连接上，通过运输连接来实现会话。会话连接与运输连接的关系可以是一对一、多对一和一对多。

会话连接管理包括会话连接的建立、维持和释放。会话连接建立阶段，可对服务质量和对话模式进行协商选择；会话连接维持阶段，可进行数据和控制信息的交换：会话连接释放阶段，可通过"有序释放"会话连接，而不会产生数据丢失。

2. 会话活动服务

一个会话连接可能持续很长一段时间，会话层将一个会话连接分成几个会话活动，每一个会话活动代表一次独立的数据传送，即一个逻辑工作段。一个会话活动又由若干对话单元组成，每个对话单元用主同步点表示开始，又用另一个主同步点表示结束，如图3-18所示。

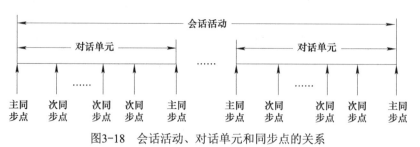

图3-18　会话活动、对话单元和同步点的关系

一个会话活动中，若出现运输连接故障，则可在出现故障的前一个同步点进行重复，而不需要将会话中已正确传输的数据全部重复传输一遍。

会话同步服务允许会话用户在传送的数据中自由设置同步点。同步点有主同步点与次同步点之分，都用序号来识别。

3. 会话交互管理

会话层内存在多个的用户交互，为了保证交互有序进行，会话层使用权标进行统一管理，拥有权标的用户才能调用相关的会话服务。会话层共设置了4种权标：

（1）数据权标　　在单工或半双工情况下，持有数据权标的用户拥有发送数据权。全双工工作方式下，不用数据权标。

（2）释放权标　　持有释放权标的用户拥有释放会话连接的权力。

（3）次同步权标　　持有该权标的用户，可以设置次同步点。

（4）主同步权标　　持有该权标的用户，可以设置主同步点。

3.7.2　表示层

在计算机网络中，数据具有确定的语义和语法，语义是指数据的内容含义，语法是指数据的表示形式。由于各种计算机有自己的数据表示形式，包括数据结构、数据编码方法等，这些数据表示形式可能各不相同。表示层的作用就是解决语法，即和数据表示形式相关的问题，使得语法和具体机器无关，以保证不同类型计算机之间的通信。

1. 表示连接管理

对表示连接的建立和释放进行管理。在建立表示连接时，可选择相关的连接特性，在释放表示连接时，可使用正常或异常的表示连接释放。在异常释放时，可能丢失数据。

2. 语法转换

为了保证不同类型计算机之间的通信，表示层需要通过语法转换来解决不同机器中数据表示形式不同的问题。

某一台计算机中所使用的语法称为局部语法。计算机网络中机器种类繁多，局部语法的种类也会很多。如果局部语法两两之间直接转换，显然是不合适的。OSI采用了间接转换的方法，即定义一种公共语法——传送语法，发送方发送数据时，进行从局部语法到传送语法的转换，接收方接收数据时，则进行传送语法到局部语法的转换。

3. 数据加密和解密

由于网络资源共享和数据远距离传输的特征，网络的安全和保密就显得格外重要。数据加密是保证网络安全的一项重要措施。目前，网络中加密和解密的方法有两大类：传统方法和公开密钥算法。

3.7.3　应用层

1. 应用层的结构

不同系统的应用进程之间相互进行数据交换时，总是有一部分工作与OSI环境有关，而另一部分则和OSI环境无关。在OSI/RM中，把应用进程中与OSI有关的那部分称为应用实体

（Application Entity，AE），并放入应用层内；而把与OSI无关的部分应用进程仍称为应用进程（AP），放在应用层之外。OSI/RM中讨论的应用层就是应用实体（AE）的内部逻辑结构。

通常，一个应用实体（AE）的内部逻辑结构包括一个用户元素（User Element，UE）和若干个应用服务元素（Application Service Element，ASE），如图3-19所示。

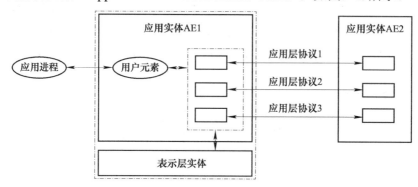

图3-19　应用实体的内部逻辑结构

从图3-19中可以看出：

1）用户元素UE是应用进程与应用实体之间的用户接口。它是应用实体AE的一部分。

2）应用服务元素（ASE）是应用层协议的执行者，它也是应用实体（AE）的一部分，由一些可重用的程序模块组成。

3）某个应用实体中的ASE和与其对等的应用实体中同类ASE之间进行通信，通信过程中执行某种应用层协议，从而向其服务用户提供某种服务。

2．应用服务元素（ASE）

应用层协议中包括许多应用服务元素（ASE），OSI仅将一些应用进程经常使用的功能加以标准化。目前OSI的应用服务元素分为公共应用服务元素（Common Application Service Elements，CASE）和特定服务元素（Specific Application Service Elements，SASE）两类。

（1）公共应用服务元素（CASE）　CASE是各类应用实体中都包含的公用的ASE，是应用层基本功能。主要有以下4种：

1）联系控制服务元素（Association Control Service Element，ACSE），完成在应用实体中建立、维持和释放应用联系。

2）可靠传送服务元素（Reliable Transfer Service Element，RTSE），负责保证端系统之间数据传输的可靠性和故障恢复。

3）远程操作服务元素（Remote Operation Service Element，ROSE），负责本地应用实体和远程应用实体之间的远地操作和参数传送。

4）托付、并发和恢复（Commitment Concurrency and Recovery，CCR），在分布式环境中，负责多个应用进程之间协同操作。

（2）特定服务元素（SASE）　SASE是特定应用实体中包含的满足特殊需求的ASE，主要有以下几个方面：

1）文件传送、访问和管理（File Transfer Access and Management，FTAM）。文件处理是计算机网络的一种最基本的服务，包括文件传送、访问和管理。文件传送是指计算机之间的文件传送，文件访问是指对文件内容的检查、修改、替换和清除，文件管理是指创建或撤销文件等。

2）虚拟终端协议（Virtual Terminal Protocol，VTP）。VTP是一种常用的协议。虚拟终端（VT）是一个标准化的终端模型，不同的实际终端可通过这个模型实现互联。具体做法是，一个终端将输出转换成虚拟终端格式经网络送到主机，主机将该格式再转换成自己的格式，此时主机好像是从自己的终端上接收输入一样。常用于将本地终端连接到与其类型不同的远程主机上，如图3-20所示。

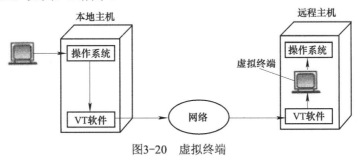

图3-20 虚拟终端

3）报文处理系统（Message Handling System，MHS）。报文处理系统是实现电子邮件功能的基础，在应用层采用存储转发方式，可用来发送任何报文，如数据和文件的复制。报文处理系统（MHS）包括用户代理（User Agent，UA）、报文传送代理（Message Transfer Agent，MTA）、报文存储器（Message Store，MS）和接入单元（Access Unit，AU）几个主要部分。

4）目录服务。目录服务可以实现网络对象的名字与网络对象实际物理地址的转换服务，为人们使用网络和管理网络提供了极大的方便。

本章小结

网络通信协议和网络体系结构是网络知识中十分重要的概念。从网络通信协议和网络体系结构的定义开始，掌握OSI参考模型的七层模型，以及相关的对等实体、协议、实际数据流动、虚拟通信和各层的数据单位等概念。学习了各层的主要功能：物理层定义了DTE和DCE之间接口的四个基本特性：机械特性、电气特性、功能特性和规程特性；数据链路层通过ARQ协议和滑动窗口等技术实现无差错链路传输，HDLC即是网络中常用的一个数据链路层协议；网络层主要完成路由选择，不管是数据报和虚电路方式，路由算法都是很重要的。X.25协议和帧中继都是以虚电路方式工作的；最后还学习了传输层、会话层、表示层和应用层的主要功能。

习题

一、单项选择题

1）计算机网络层次结构模型和各层协议的集合称为＿＿＿＿＿＿。

A. 计算机网络协议   B. 计算机网络体系结构

C. 计算机网络拓扑结构   D. 开放系统互联参考模型

2）国际标准化组织（ISO）定义的一种国际性计算机网络体系结构标准是_____。

     A. TCP/IP   B. OSI/RM   C. SNA   D. DNA

3）OSI参考模型的结构划分为七个层次，其中下面四层为_____。

     A. 物理层、数据链路层、网络层和传输层

     B. 物理层、数据链路层、网络层和会话层

     C. 物理层、数据链路层、表示层和传输层

     D. 物理层、数据链路层、网络层和应用层

4）OSI参考模型的最底层和最高层分别是_____。

     A. 物理层，应用层   B. 物理层，数据链路层

     C. 应用层，物理层   D. 表示层，应用层

5）OSI参考模型的数据链路层传送的数据单位是_____。

     A. 位流   B. 数据帧   C. 数据分组   D. 数据报文

6）_____通过路由算法为分组选择适当的路径。

     A. 物理层   B. 数据链路层   C. 网络层   D. 应用层

7）X.25网是广泛应用的一种_____。

     A. 星形局域网   B. 环形局域网

     C. 公用分组交换网   D. 光纤分布式数据接口

8）在HDLC帧中_____域定义了帧的开始和结束。

     A. 标志（FLAG）   B. 地址

     C. 控制   D. 帧校验序列（FCS）

9）当使用同一帧来传输数据和应答消息时，这种方式叫作_____。

     A. 捎带确认   B. 打包   C. 捎带打包   D. 三次握手

10）HDLC帧中的U帧，主要用于_____。

     A. 信息传递   B. 链路管理   C. 差错控制   D. 流量控制

11）HDLC协议中，如果发送方收到接收方返回帧的N（R）为5，则表明_____接收正确。

     A. 4号帧   B. 5号帧

     C. 4号帧及4号以前各帧   D. 5号帧及5号以前各帧

12）数据报传送的分组到达目的站点时，其分组的顺序是_____。

     A. 随机的   B. 按原分组顺序

     C. 按一定规律重新排列   D. 和原分组顺序相反

二、多项选择题

1）OSI中继开放系统模型划分为_____。

     A. 物理层   B. 数据链路层   C. 网络层   D. 传输层

2）网络协议主要由三个基本要素组成：_____。

A. 层次   B. 语义   C. 语法   D. 时序

3）物理层描述了接口的如下一些特性：_____。

A. 机械特性   B. 电气特性   C. 功能特性   D. 规程特性

4）HDLC协议中帧的类型包括_____。

A. 信息帧   B. 监管帧   C. 确认帧   D. 无编号帧

5）X.25协议在_____层需要差错检测。

A. 物理层   B. 数据链路层   C. 网络层   D. 传输层

6）下面有关传输层的论述中，正确的是_____。

A. 通信子网中没有传输层协议，传输层协议存在于端主机中

B. 传输层协议能弥补和加强通信子网所提供的服务

C. 如果通信子网提供的服务简单，则传输层也可以设计得简单一些

D. 传输层协议可以进行进程寻址

三、判断题

1）如果网络层采用的是数据报方式，则传输层应采用面向连接的传输服务以弥补服务质量的不足。   （ ）

2）网络层仅能提供从源主机到目的主机之间的通信寻址，没有程序或进程的概念。
                                                                （ ）

3）X.25数据分组中，逻辑信道号就是目的地址编号。   （ ）

4）根据HDLC的控制字段C，可以将HDLC帧划分为信息帧（I帧）、监督帧（S帧）和无编号帧（U帧）。   （ ）

5）信息帧中N（S）为发送序号，表示当前发送的信息帧的序号。N（R）为接收序号，表示所希望收到的帧的序号，这里同时表示序号N（R）和N（R）以前的各帧都已正确收到。   （ ）

6）对于数据报服务来说，每个分组经过各个中间节点时都要进行路由选择。而对于虚电路服务，不仅每次虚电路建立时，需要在各个中间节点作一次路由选择，而且每个分组经过各个中间节点时还要进行路由选择。   （ ）

四、思考题

1）为什么网络体系结构要采用层次化结构模型？

2）为什么OSI/RM中的中继系统只包含通信协议的下面三层？

3）数据链路层中，为什么连续ARQ协议比停止等待协议效率高？

4）HDLC协议中，"捎带确认"是如何实现的？

第4章 局域网技术

学习目标

1）了解局域网的定义、特点和组成。

2）了解局域网的主要技术：网络拓扑结构、传输介质和介质访问控制方法。

3）了解IEEE 802局域网标准，特别是其中的IEEE 802.3、IEEE 802.4、IEEE 802.5标准。

4）了解交换式局域网的工作原理和局域网交换机。

5）了解高速以太网技术以及典型的以太网组网技术。

6）了解局域网结构化综合布线的特点和体系结构。

4.1 局域网的基本知识

4.1.1 局域网的定义和特点

1. 局域网的定义

根据网络覆盖地理范围的大小，计算机网络可分为广域网、局域网和城域网。一般来说，局域网是指在小范围内将多种通信设备互联起来构成的通信网络。

2. 局域网的特点

由于数据传输距离远近的不同，广域网、局域网和城域网从基本通信机制上有很大的差异，各自具有不同的特点。局域网的主要特点可以归纳为：

1）局域网覆盖有限的地理范围，如一个办公室、一幢大楼或几幢大楼之间的地域范围。

2）局域网是一种数据通信网络，从网络体系结构来看，只包含低三层的通信功能，对应于OSI/RM中的物理层、数据链路层和网络层。

3）局域网中连入的数据通信设备是广义的，包括计算机、终端、电话机、传真机、传感器等多种通信设备。

4）局域网的数据传输速率、误码率低。目前，局域网的数据传输速率在10～10 000Mbit/s之间。

5）安装、维护、管理简单，可靠性高，价格低廉。

4.1.2 局域网的组成

局域网由计算机设备、网络设备、传输介质、网络操作系统和网络应用软件组成。下面以客户端/服务器模式的星形以太局域网为例，介绍局域网的组成。

星形以太局域网是以集线器（Hub）为中心的星形拓扑结构，如图4-1所示。

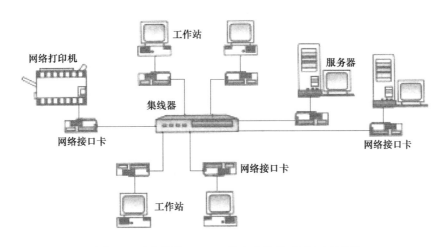

图4-1 以集线器（Hub）为中心的星形以太局域网

1. 服务器

服务器是整个网络系统的核心，它能为工作站提供服务和管理网络，网络操作系统的主要部分也安装在服务器上。通常一个局域网中可有一台或多台服务器，服务器的综合性能往往直接影响整个网络的效率。

服务器按应用可分为文件服务器、应用程序服务器、数据库服务器、通信服务器、打印服务器等，可通过软件来设置。

（1）文件服务器 文件服务器在一般的局域网中是最基本和最常见的服务器。它为网络提供硬盘共享、文件共享服务，包括对数据文件的存储、访问、传输、管理和保密控制等。当工作站需要处理数据时，向文件服务器发出查询请求。文件服务器响应请求后，将在服务器硬盘中搜索到的用户所需数据返回给工作站。工作站对数据进行处理，并将处理的结果传送到文件服务器。为了解决文件服务器工作时网络负荷大、工作效率较低的问题，可在一个网络中配置多个文件服务器。

（2）应用程序服务器 应用程序服务器具有能执行用户应用程序，处理用户任务的能力。在分布式网络操作系统和分布式数据库管理系统中，往往需要调动网络中的多个处理器对一个事务进行处理。也就是说，服务器不仅能为工作站提供文件共享，还能提供处理能力共享。

（3）数据库服务器 数据库服务器也是一种目前最常用的服务器。它可以优化对数据库记录的存储、查询和提取，控制数据的安全和保密，减少对数据库的访问时间。客户端只需要将数据处理的服务请求（如一条SQL命令）发送到数据库服务器，数据库服务器就执行该请求，并将结果数据返回给客户端。显然，过程中不需要传送任何数据库文件，因而能减少网络负荷，提高网络的工作效率。

（4）通信服务器 通信服务器可以将几个小的局域网连接组成一个更大的网络。它主要负责网络中各主机之间，局域网和局域网之间的通信。网桥、路由器就是通信服务器的实例。

（5）打印服务器 打印服务器控制和管理打印设备，为网络中的客户端提供共享打印服务，可以减少网络中打印设备的数量，尤其是对于昂贵的打印设备，可节省大量资金。

2．工作站

工作站是指接入网络的设备，包括各种计算机和终端设备，它们通过网络接口卡经传输介质连接到服务器上。常见的工作站是微型计算机，它具有独立的数据处理能力。用户通过工作站来访问网络的共享资源，所以说工作站是用户的网络前端窗口。

工作站分为无盘工作站和有盘工作站两种。工作站上配有磁盘驱动器的称为有盘工作站，反之称为无盘工作站。目前大多使用有盘工作站。

3．网络接口卡

网络接口卡（Network Interface Card，NIC）又称为网络适配器，简称为网卡。它就是局域网中的通信控制器或通信处理器。网卡一端通过插件方式连接到局域网中的计算机上，另一端通过T型头或RJ-45接口连接到传输介质上。网络中的服务器或工作站都必须至少配置一个网卡。

（1）网络接口卡的功能　　网络接口卡与网络操作系统配合完成网络数据接收和发送的功能。具体来说：

1）执行数据链路层协议——完成信息帧的发送和接收、差错校验、串并行代码转换，实现介质访问控制方法等。

2）执行物理层协议——完成数据的编码和解码，接收和发送位流。

（2）网络接口卡的地址　　网络接口卡的地址是生产厂家为每个网卡赋予的一个全世界范围内唯一的物理地址，也称为介质访问控制地址——MAC地址。由于网卡生产厂家对网卡地址许可范围已达成协议，所以该地址不可能重复。MAC地址出厂时大多被写入只读存储器（ROM）中。当网络接口卡连入计算机时，MAC地址就成为计算机的物理地址。

以太局域网的网卡规定MAC地址长度为6字节（48bit），常用十六进制数表示，如某个网卡的地址，如00-52-AB-20-12-F4。

4．集线器（Hub）和交换机

计算机网络设备发展迅速，许多流行的产品都突破了一般的概念。集线器也一样，传统集线器（Hub）是工作在物理层的设备，本质上是一个多端口的中继器。每个端口可连接一台服务器、工作站或其他网络终端。表面上看，每一个设备都用自己的专用线路通过集线器而连接成网络，但实质上仍然是共享介质局域网，此时可以把传统集线器（Hub）看成是总线的压缩。

交换机是工作在数据链路层的设备，本质上是一个多端口的网桥。有关交换机的介绍，可参看"交换局域网"部分。

5．传输介质

网络中各种设备最终需要使用传输介质连接起来，数据通过传输介质实现真正的传输。局域网中可使用的传输介质有双绞线、同轴电缆、光纤、无线电波和红外线等。这些传输介质的特性可参看"局域网主要技术"部分。

6．网络操作系统

（1）网络操作系统的基本概念　　我们知道，一台计算机必须安装操作系统软件。操作系统可以管理计算机的软、硬件资源和为用户提供一个方便的使用界面，局域网也是一样，必须安装操作系统，以便在网络范围内来管理网络中的软、硬件资源和为用户提供网络服务功能。管理一台计算机资源的操作系统被称之为单机操作系统，单机操作系统只能为本地用户使用本机资源提供服务。可以管理局域网资源的操作系统称之为网络操作系统，它既可以管理本机资源，也可以管理网络资源，既可以为本地用户，也可以为远程网络用户提供网络服务。

从OSI参考模型角度来看，完整的计算机网络应由七层组成，但从前面所述的IEEE 802标准来看，只实现了物理层和数据链路层，而上层的功能则必须通过软件，即由网络操作系统来实现。具体地说，就是网络操作系统利用局域网提供的数据传输功能，屏蔽本地资源与网络资源的差异性，为高层网络用户提供共享网络资源、系统安全性等多种网络服务。

（2）网络操作系统的类型　　网络操作系统可以按其软件是否平均分布在网中各节点而分成对等结构和非对等结构两类。

所谓对等结构网络操作系统，是指安装在每个联网节点上的操作系统软件相同，局域网中所有的联网节点地位平等，从而形成对等局域网。节点之间的资源，包括共享硬盘、共享打印机、共享CPU等都可以在网内共享。各节点的前台程序为本地用户提供服务，后台程序为其他节点的网络用户提供服务。对等结构网络操作系统虽然结构简单，但由于联网计算机既要承担本地信息处理任务，又要承担网络服务与管理功能，因此效率不高，仅适用于规模较小的网络系统。常用于对等结构网络的操作系统Windows 95、Windows 98、Windows 2000 Professional。

目前，局域网中使用最多的是非对等结构网络操作系统。流行的"客户端/服务器"网络应用模型中使用的网络操作系统就是非对等结构的。

非对等结构网络操作系统的思想是将局域网中节点分为网络服务器（Network Server）和网络工作站（Network Workstation）两类，通常简称为服务器（Server）和工作站（Workstation）。局域网中是否设置专用服务器是对等结构和非对等结构的根本区别。这种非对等结构能实现网络资源的合理配置与利用。服务器采用高配置与高性能的计算机，以集中方式管理局域网的共享资源。通过不同软件的设置，服务器可以扮演数据库服务器、文件服务器、打印服务器和通信服务器等多种角色，为工作站提供各种服务。工作站一般是PC系统，主要为本地用户访问本地资源与访问网络资源提供服务。工作站又常因是接收服务器提供的服务而称为客户端（Client）。非对等结构网络操作系统软件的大部分运行在服务器上，它构成网络操作系统的核心；另一小部分运行在工作站上。服务器上的软件性能，直接决定着网络系统的性能和安全性。

（3）网络操作系统实例　　目前，客户端/服务器模型中流行的网络操作系统主要有以下几种。

- Microsoft公司的Windows NT Server、Windows 2000 Server操作系统。
- Novell公司的NetWare操作系统。
- IBM公司的LAN Server操作系统。
- UNIX操作系统。
- Linux操作系统。

通常，按照服务器上安装的网络操作系统的不同，也可以对局域网进行分类。如使用

Windows NT Server操作系统的局域网被称为"NT网"，使用NetWare操作系统的局域网系统被称为"Novell网"。

4.2 局域网的主要技术

局域网的主要技术包括网络拓扑结构、传输介质和介质访问控制方法，下面分别加以介绍。

4.2.1 局域网的网络拓扑结构

局域网在网络拓扑结构上主要采用了总线型、环形与星形结构。

1. 总线型拓扑结构

总线型拓扑结构的局域网中，各节点都通过相应的网卡直接连接到一条公共传输介质（总线）上，如连接到同轴电缆上。所有的节点都通过总线来发送或接收数据，当一个节点向总线上"广播"发送数据时，其他节点以"收听"的方式接收数据。这种网中所有节点通过总线交换数据的方式是一种"共享传输介质"方式。

总线型拓扑结构具有结构简单，实现容易，易于扩展，可靠性高的优点；但数据传输效率较低，尤其在重负载的情况下。

2. 环形拓扑结构

环形拓扑结构的局域网中，所有节点通过网卡连接到一个首尾相连构成的闭合环路上。环中数据沿着一个方向绕环逐站传输。由于所有节点共享一条环形通路，它也是一种"共享传输介质"方式。

环形拓扑结构适用于重负载环境，支持优先级服务；但环路维护较复杂。

3. 星形拓扑构型

如前所述，星形拓扑结构定义为拓扑中存在着中心节点，每个节点通过点—点线路与中心节点连接，任何两节点之间的通信都要通过中心节点转接。

注意：按照这种定义，普通的共享介质方式的局域网中不存在星形拓扑结构，但通常总线型10 BASE-T以太网被说成是一个星形结构，主要是指其物理结构而言。有关局域网的物理结构和逻辑结构的关系问题，在后续小节中将加以讨论。

从局域网拓扑结构的基本技术出发，局域网的基本组成单元可以分为总线型、环形与星形结构，而实际应用中局域网系统往往是一种或几种基本拓扑结构的组合。

4.2.2 局域网的传输介质

传输介质是连接局域网络中各节点的物理通路。在局域网中，常用的网络传输介质有双绞线、同轴电缆、光纤电缆和无线传输介质。

1. 双绞线

双绞线由两根、四根或八根绝缘导线组成，两根为一个线对作为一条通信链路。为了减少各线对之间的电磁干扰，各线对以均匀对称的方式，螺旋状扭绞在一起。线对的绞合程度越高，抗干扰能力越强。

局域网中所使用的双绞线分为两类：屏蔽双绞线（Shielded Twisted Pair，STP）和非屏蔽双绞线（Unshielded Twisted Pair，UTP）。

屏蔽双绞线由外部保护层、屏蔽层与多对双绞线组成。非屏蔽双绞线则没有屏蔽层，仅由外部保护层与多对双绞线组成。双绞线的结构如图4-2所示。

a)   b)

图4-2　双绞线的结构

a）屏蔽双绞线（STP）　b）非屏蔽双绞线（UTP）

根据传输特性的不同，局域网中常用的双绞线可以分为五类。目前，典型的以太网中，非屏蔽双绞线因为其价格低廉，安装、维护方便和不错的性能而被广泛采用，常用的有第三类、第四类与第五类非屏蔽双绞线，通常简称为三类线、四类线与五类线，尤其以五类线使用为多。各类双绞线的传输特性如下：

1）三类线——最高带宽为16MHz，适用于语音传输和10Mbit/s以下的数据传输。

2）四类线——最高带宽为20MHz，适用于语音传输和16Mbit/s以下的数据传输。

3）五类线——最高带宽为100MHz，适用于语音传输和100Mbit/s的高速数据传输。

2．同轴电缆

同轴电缆由内导体、外屏蔽层、绝缘层及外部保护层组成，其结构如图4-3所示。同轴电缆可连接的地理范围较双绞线更宽，可达几千米至几十千米的范围，抗干扰能力也较强，使用与维护也方便，但价格较双绞线高。

图4-3　同轴电缆的结构

同轴电缆可用于点—点连接，又可用于多点连接。目前常用的有以下两类。

（1）75Ω的宽带同轴电缆　宽带同轴电缆既可以传输模拟信号，又可以传输数字信号，传输模拟信号时频率可达（300～400）MHz，传输数字信号时数据传输率可达20Mbit/s，电缆段可达数千米。

（2）50Ω的基带同轴电缆　基带同轴电缆用于传输基带数字信号，常用的有粗同轴电缆和细同轴电缆两种，最高数据传输率可达10Mbit/s。粗缆段可达的最大距离为1km，细缆段可达的最大距离为185m。

75Ω的宽带同轴电缆是目前公用电视天线（CATV）系统中使用的标准电缆，在局域网中，随着双绞线应用的日益普遍，同轴电缆已使用不多。

3．光纤电缆

光纤电缆简称为光缆。一条光缆中包含多条光纤。每条光纤是由玻璃或塑料拉成极细的能传导光波的细丝，外面再包裹多层保护材料构成的。光纤通过内部的全反射来传输一束经过编码的光信号。光缆因其数据传输速率高、抗干扰性强、误码率低及安全保密性好的特点，而被认为是一种最有前途的传输介质。光缆价格高于同轴电缆与双绞线。

目前，光纤主要有单模光纤与多模光纤两种。

（1）单模光纤 其中，只有沿光纤轴心平行的直线传播的光线，因而损耗小、传输距离长、频带宽。在2.5Gbit/s的数据传输率下可以几十千米不使用中继器。

（2）多模光纤 其中，存在多条入射角不同的光线在光纤内以不同角度反射传播，因而损耗大、传输距离短、频带窄。

由此可见，单模光纤和多模光纤的区别在于光在光纤内的传播方式不同，如图4-4所示。单模光纤的传输性能优于多模光纤，但价格也较昂贵，多用于长距离、大容量的主干光缆传输系统。一般的局域网中多使用多模光纤。

图4-4 单模光纤和多模光纤

4. 无线传输介质

使用特定频率的电磁波作为传输介质，可以避免有线介质（双绞线、同轴电缆、光缆）的束缚，组成无线局域网。目前计算机网络中常用的无线传输介质有以下三种。

1）无线电——信号频率为30MHz～1GHz。

2）微波——信号频率为2～40GHz。

3）红外线——信号频率为3×10^{11}～2×10^{14}Hz。

随着便携式计算机的增多，无线局域网应用越来越普及。

4.2.3 局域网介质访问控制方法

共享介质局域网都会遇到一个共同的问题——如何解决"信道争用"。由于网中各节点共享传输介质，为了充分有效地利用共享介质来传输数据，必须采用介质访问控制方法。目前"共享介质"局域网中形成国际标准的介质访问控制方法主要有以下三种。

1）载波监听多路访问/冲突检测（CSMA/CD）方法。

2）令牌总线（Token Bus）方法。

3）令牌环（Token Ring）方法。

具体实现方法可参看下面有关"局域网标准"的介绍。

4.3 IEEE 802局域网标准

4.3.1 IEEE 802局域网参考模型和标准

1. IEEE 802局域网参考模型

种类繁多的局域网产品有一个国际标准，以便不同局域网之间的通信，美国电气和电子工程师学会IEEE下设的局域网标准委员会（简称IEEE 802委员会）制定了IEEE 802标准。它描述了局域网参考模型。

局域网参考模型对应于OSI参考模型的下面两层：数据链路层和物理层。数据链路层又被划分为逻辑链路控制（Logical Link Control，LLC）子层和介质访问控制（Media Access Control，MAC）子层。局域网参考模型和OSI参考模型的对应关系如图4-5所示。

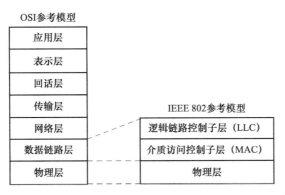

图4-5　IEEE 802局域网参考模型与OSI参考模型的关系

由于局域网产品的种类繁多，不同的共享信道方式就会有不同的介质访问控制方法，所以将数据链路层划分为LLC和MAC两个子层，与传输介质无关的部分划分在LLC子层中，完成数据链路层数据帧的传输和控制；与传输介质有关的部分功能划分在MAC子层中，主要解决共享信道的争用。LLC子层对各种物理介质的访问是完全透明的，它看不到具体的局域网，这样的划分可以降低连接不同类型介质接口设备的费用。

物理层负责物理连接和在传输介质上的位流传输，和OSI参考模型的物理层相同，其主要是描述接口的机械特性、电气特性、功能特性和规程特性等。由于局域网可以采用的传输介质很多，如双绞线、同轴电缆、光缆等，各种传输介质的特性有很大差异，为了便于物理层处理，大多数局域网的物理层往往根据与传输介质有关或无关而分为物理信令（Physical Signaling，PLS）子层和介质连接单元（Medium Attachment Unit，MAU）两个子层。

局域网的拓扑结构非常简单，多个节点共享一条公用传输信道，任意两个节点之间只有唯一的一条链路，不需要路由选择和流量控制，因此局域网模型没有单独设置网络层。

2．IEEE 802标准

IEEE 802委员会制定了11条标准：

- IEEE 802.1——概述、体系结构和网络互联以及网络管理和性能测量。
- IEEE 802.2——逻辑链路控制子层LLC功能。
- IEEE 802.3——CSMA/CD介质访问控制方法和物理层技术规范。
- IEEE 802.4——令牌总线介质访问控制方法和物理层技术规范。
- IEEE 802.5——令牌环介质访问控制方法和物理层技术规范。
- IEEE 802.6——城域网介质访问控制方法和物理层技术规范。
- IEEE 802.7——宽带技术。
- IEEE 802.8——光纤技术。
- IEEE 802.9——综合声音数据局域网（IVD LAN）介质访问控制协议及物理层技术规范。
- IEEE 802.10——可互操作的局域网的安全规范。
- IEEE 802.11——无线局域网技术。

IEEE 802系列标准中各个子标准的逻辑链路控制（LLC）子层是相同的，它们的差异仅在媒体访问控制MAC子层和物理层。注意，下面对多种局域网，如以太网、令牌网、令牌环网的叙述中，要关注它们之间在MAC子层的差异；而在对10Base-T以太网、10Base-2以太网、100Base-T以太网和1000Base-T以太网的叙述中，要关注它们之间物理层的差异。其中，IEEE 802.3、IEEE 802.4、IEEE 802.5和IEEE 802.11是和共享介质局域网相关的技术标准，如图4-6所示。

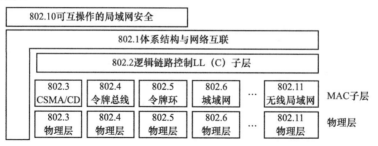

图4-6　IEEE 802共享介质局域网相关技术标准

4.3.2　逻辑链路控制（LLC）子层

1. 逻辑链路控制（LLC）子层的功能

逻辑链路控制（LLC）子层集中了与传输介质无关的部分。它的主要功能包括以下四种。

1）向高层提供四种不同类型的服务：不确认的无连接服务、面向连接服务、带确认的无连接服务和高速传送数据。由于局域网通信误码率较低，多采用不确认的无连接服务。

2）对于面向连接的服务，负责建立、维持和释放数据链路层的逻辑连接，以及提供流量控制。

3）完成对数据帧的接收、发送及差错控制。

4）向高层提供一个或多个进程的逻辑接口，完成LLC子层的复用。

2. LLC帧的结构

LLC帧的结构与OSI/RM数据链路层使用的HDLC帧的结构十分相似。其中的地址包括源服务访问点地址和目的服务访问点地址用于进程寻址，如图4-7a所示。根据控制字段前两个位的取值，控制字段可分为信息帧（I帧）、监督帧（S帧）和无编号帧（U帧）三类，如图4-7b、c、d所示。和HDLC帧类似，信息帧（I帧）负责传送数据，并进行"捎带确认"；监控帧负责确认、流量控制和差错控制；无编号帧负责建立连接和释放连接及其他控制功能。数据字段的长度仅受到MAC帧的长度限制。

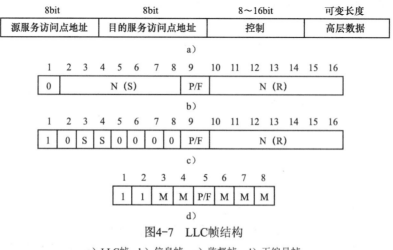

图4-7　LLC帧结构

a）LLC帧　b）信息帧　c）监督帧　d）无编号帧

4.3.3 媒体访问控制（MAC）子层

1. 媒体访问控制（MAC）子层的功能

媒体访问控制（MAC）子层集中了与传输介质有关的部分。它的主要功能包括以下三种。

1）负责在发送方把LLC帧组装成MAC帧。MAC帧随介质访问控制方法的不同而稍有差异，但都包含源MAC地址和目的MAC地址以及差错校验字段。

2）负责在接收方对MAC帧进行拆卸、地址识别和差错校验。

3）实现物理层的数据编码和位流传输。

根据局域网参考模型可知，局域网中数据链路层的功能是由媒体访问控制（MAC）子层和逻辑链路控制（LLC）子层共同完成的。

2. MAC帧的结构

MAC帧是将LLC帧作为MAC帧的数据字段，加上相关的控制信息，如目的地址、源地址、控制信息、帧校验序列（FCS）而构成。而LLC帧又是由LLC子层将高层数据加上LLC控制信息封装成，图4-8以以太网的MAC帧为例，说明了LLC帧与MAC帧的关系。MAC帧继续向下传送给物理层，进行位流传输。

图4-8 以太网MAC帧和LLC帧的关系

4.3.4 IEEE 802.3标准——以太网（Ethernet）

学习局域网，首先要了解局域网的介质访问控制（MAC）方法和相应的物理层标准。对以太网而言，要了解CSMA/CD机制和以太网定义的物理层标准。

1. IEEE 802.3标准的介质访问控制（MAC）方法

目前，局域网中应用最多的是基带总线局域网——以太网（Ethernet）。在以太网中没有集中控制的节点，任何节点都可以不事先预约而发送数据。节点以"广播"方式把数据发送到公共传输介质——总线，网中所有节点都能"收听"到发送节点发送的数据信号。在这种机制下，"冲突"是不可避免的，必须有一种介质访问控制方法来进行控制，这种方法就是载波监听多路访问/冲突检测（Carrier Sense Multiple Access with Collision Detection，CSMA/CD），它是一种随机争用型介质访问控制方法。

CSMA/CD是以太网的核心技术。其控制机制可以形象地描述为：先听后发，边听边发，冲突停止，延迟重发。下面分三个步骤来介绍其具体的方法。

（1）载波监听多路访问（CSMA）

总线型局域网中，每个节点都设置一个"监听器"。在发送数据前，首先要监听总线是忙或闲状态，称为载波监听。如果总线是忙状态，表示总线上已有数据在传输，此时不能强行发送，以免引起"冲突"而破坏数据；如总线空闲，则可以发送数据。

（2）冲突检测（CD）

CSMA尽管实行了发送数据前的"监听"操作，使冲突发生的概率大大减少。但也存在几乎相同的时刻，有两个或两个以上节点发送数据的情况，并由此而引发冲突。如果发送数据后没有继续监听，即使信道上发生了冲突，冲突各方在不知情的情况下，将继续传送以至白白浪费时间。CSMA/CD中采用发送节点一边发送数据，一边继续监听，进行冲突检测。一旦在发送数据过程中检测到有冲突发生，应立即停止发送数据。本次传输无效，并且发送一串阻塞信号以强化冲突。

（3）延迟重发

检测到冲突后立即停止发送数据，随机延迟一段时间后重新开始发送。但是重发仍然可能出现冲突，如何控制延迟时间，减少再次冲突的可能，是延迟重发要解决的问题。以太网中常用的是截断二进制指数退避算法。

CSMA/CD介质访问控制方法可以有效地控制多节点对共享总线传输介质的访问，方法简单，易于实现。在网络通信负荷较低时表现出较好的吞吐率与延迟特性。但是，当网络通信负荷增大时，由于冲突增多，网络吞吐率下降、传输延迟增加，解决的方法是扩展带宽和采用交换技术。

2．802.3以太网物理层标准

IEEE 802.3标准是在DEC、Inter和Xerox公司公布的以太网技术规范的基础上制定的。根据以太网使用的不同的传输介质又发展为多种物理层标准，形成了一个IEEE 802.3标准系列，如图4-9所示。

图4-9　IEEE 802.3以太网标准系列

从图4-9中可以看出，各种类型的以太网，其介质访问控制层（MAC）是相同的，即采用相同的介质访问控制方法，不同之处表现在物理层，包括拓扑结构和传输介质的不同。

IEEE 802.3标准在物理层为多种传输介质确定了相应的物理层标准，据此也就组成了多种不同类型的以太网。

IEEE 802.3标准定义的物理层标准主要有以下几种。

1）10Base-5——采用阻抗为50Ω的基带粗同轴电缆。

2）10Base-2——采用阻抗为50Ω的基带细同轴电缆。

3）10Base-T——采用3类或5类非屏蔽双绞线UTP以集线器（Hub）为中心的物理星形拓扑构型。

4）10Base-F——采用光纤传输介质。

（1）10Base-5粗同轴电缆以太网　10Base-5粗同轴电缆以太网是总线型拓扑结构，使用基带信号，数据传输率为10Mbit/s，两端电缆端接器之间的最大距离为500m，如图4-10所示。

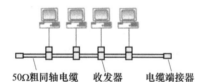

图4-10　10Base-5粗同轴电缆以太网的拓扑结构端接器

（2）10Base-2细同轴电缆以太网　　10Base-2细同轴电缆以太网也是总线型拓扑结构，使用基带信号，数据传输率为10Mbit/s，两端电缆端接器之间的最大距离为185m，如图4-11所示。细缆比粗缆廉价并且安装方便，但连接距离较短。

图4-11　10Base-2细同轴电缆以太网的拓扑结构端接器

（3）10Base-T双绞线以太网　　10Base-T双绞线以太网结构简单，造价低廉，维护方便，是应用极为广泛的一种局域网。它使用无屏蔽双绞线组成星形拓扑结构，基带信号的数据传输率为10Mbit/s，从节点到集线器之间的最大距离为100m，集线器（Hub）是以太网的中心连接设备，其结构如图4-12所示。

从图4-12来看，10Base-T以太网通过集线器与非屏蔽双绞线组成星形拓扑结构，但仍采用CSMA/CD介质访问控制方法来控制各计算机数据的发送，正是基于这一点，10Base-T以太网被认为物理上是"星"形结构，而逻辑上是"总线"型结构。

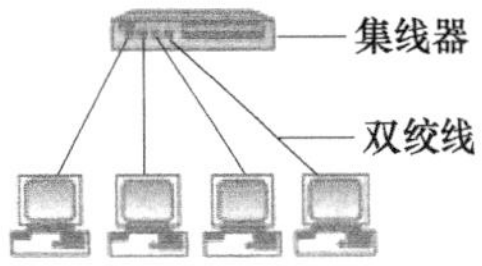

图4-12　10Base-T以太网物理上的星形结构

4.3.5　IEEE 802.5标准——令牌环网

1．IEEE 802.5标准的介质访问控制（MAC）方法

IBM Token Ring是最有影响的令牌环网。IEEE 802.5标准是在IBM Token Ring协议基础上发展和形成的。

令牌环网也属于共享介质局域网。网络中所有节点通过环接口连接成一个闭合的物理环路。所有节点都通过这条共用环形信道传输数据，这里也需要介质访问控制方法，以解决信道争用问题。令牌环网介质访问控制方法的基本思想：数据在环路中单向地、逐个节点地传送。在网中设置一个令牌，这是一种特殊的MAC控制帧。令牌平时不停地沿着物理环单向逐站传送。只有获得令牌的节点才能向环路上发送数据，在单令牌体制下，以保证环中每个时刻只有一个节点发送数据。

现结合图4-13介绍令牌环网的工作原理。

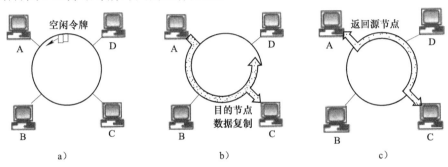

图4-13　令牌环网的工作原理

图4-13是源节点A向目的节点C发送一帧数据，其过程示意如下：

1）截获令牌与发送帧——要发送数据的源节点A必须先截获空闲令牌，将其标志转变成数据帧的标志，并将数据装入，该数据帧送到环路上，此时的令牌变为“忙”，如图4-13a所示。

2）接收帧与转发帧——数据帧在环路上传送时，沿途各站都要将帧内的目的地址与本站地址相比较，如果不相符，则转发该帧，如节点B转发该帧。当数据帧到达目的节点时，两个地址相符，则复制该帧，表示接收，如节点C复制该帧。同时将该数据帧继续沿环传递至下一个节点，如图4-13b所示。

3）撤销帧与重新发令牌。数据帧沿环路返回到源节点时，源节点可以检查并判断传输是否成功。若成功，则撤销所发送的数据帧，并立即生成一个新的空闲令牌发送到环上。若有错误，则重新发送该数据帧，如图4-13c所示。

令牌环网的管理工作比较复杂，需要完成环初始化、节点加入或撤出、环恢复及优先级管理等工作。

2．令牌环网MAC帧格式

IEEE 802.5定义了两种基本的MAC帧格式，如图4-14所示。

	1字节	1字节	1字节
令牌帧	起始符	访问控制	结束符

	1字节	1字节	1字节	2或6字节	2或6字节	任意长度	4字节	1字节	1字节
数据帧	起始符	访问控制	帧控制	目的地址	源地址	数据	帧校验序列	结束符	帧状态

图4-14　IEEE 802.5的MAC帧

1）令牌帧——令牌帧长度3字节。起始符和结束符表示帧的开始和结束，访问控制字段可实现优先级管理，令牌帧和数据帧的标识等。

2）数据帧——数据帧包含9个字段。起始符、结束符和访问控制字段的含义与令牌帧相同。数据字段来源于LLC帧，帧校验序列用于CRC错误校验。

4.3.6　IEEE 802.4标准——令牌总线网

总线型网结构简单、管理方便、时延小，但由于总线随机争用，重负载时效率会明显下降。令牌环网访问时无冲突，信道利用率高，尤其是重负载下更显示其优越性，但结构和管理较复杂。因此，结合上述两种网络的优点，形成了一种新型的令牌总线网。

令牌总线网物理上是总线拓扑结构，逻辑上按节点地址的递减顺序构成一个逻辑环，如图4-15所示。图中实线表示物理连接，虚线表示逻辑连接。令牌总线网利用“令牌”在逻辑环上传送来实现介质访问控制方法。和令牌环的工作原理一样，任何一个节点只有在取得令牌后才能发送数据。令牌是一种特殊结构的控制帧，用来控制节点对总线的访问权。因此，尽管物理上是总线拓扑结构，也不会产生冲突。

令牌传递规定由高地址向低地址，最后由最低地址向最高地址依次循环传递，环中令牌传递顺序与节点在总线上的物理位置无关。每个节点具有公平的访问权。

令牌总线需要完成环初始化、节点加入或撤出环、环恢复及优先级管理的环维护工作。

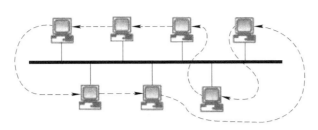

图4-15　令牌总线局域网

4.3.7　逻辑结构与物理结构的关系

10Base-T以太网和令牌总线网告诉人们计算机网络拓扑结构中一个有意思的问题，即一个网络的拓扑结构可从逻辑结构与物理结构两个方面来讨论。逻辑结构指局域网中各节点的相互关系和所使用的介质访问控制方法，而物理结构是指局域网外部实际的设备连接形式。对一个具体的局域网而言，其物理结构和逻辑结构可以相同，也可以不同。下面通过一些典型的局域网进行举例说明。

1．物理结构和逻辑结构相同的局域网

（1）10Base-5、10Base-2以太网　物理结构为总线型，介质访问控制方法采用CSMA/CD方法，因而逻辑结构也是总线型的。

（2）IBM Token Ring令牌环网　物理结构为环形，介质访问控制方法采用令牌沿环传递的控制方法，因而逻辑结构也是环形的。

（3）交换式以太网　物理结构为星形，通过中心交换机实现多节点之间的并发数据传输，逻辑结构认为是星形的。

2．物理结构和逻辑结构不相同的局域网

（1）10Base-T以太网　物理结构为星形，但由于集线器（Hub）仅相当于多端口的物理层设备——中继器，其介质访问控制方法仍采用CSMA/CD方法，因而逻辑结构仍为总线型。

（2）令牌总线网　物理结构为总线型，但介质访问控制方法采用令牌控制方法，因而逻辑结构为环形。

交换式以太局域网是真正的物理结构与逻辑结构统一的星形拓扑结构。它的中心节点是一台以太网局域网交换机，其他节点通过点—点线路与该中心节点相连。交换式以太局域网以其优良的传输特性正在被广泛采用。

4.4　交换式局域网

4.4.1　交换式局域网的工作原理

1．从共享介质到交换

如前所述，IEEE 802.3、IEEE 802.4和IEEE 802.5标准所描述的局域网有一个共同的特征是"共享介质"，因而需要采用相应的介质访问控制方法。以共享介质以太局域网为例，节点用广播方式将数据广播到总线上，如10Base-2以太网；或将数据广播到中心节点

Hub的每一个端口，如10Base-T以太网。由于CSMA/CD机制控制着每一个时间片内只允许有一个节点占用公用通信信道，因而数据传输效率较低。

随着个人计算机的广泛应用，多媒体技术和分布计算技术的发展，人们要求通过网络传输的信息量越来越大，而网络数据传输速率成为信息处理的一个瓶颈，因此促使人们研究开发具有高数据传输速率的局域网技术。为了提高数据传输速率，人们从三个方面研究开发了多种方案。

1）将"共享介质方式"改为"交换方式"，这就产生了"交换式局域网（Switched LAN）"的概念。

2）提高网络数据传输率，这就推动了高速局域网，包括快速以太网、FDDI的发展。具体内容可参看"高速局域网"部分。

3）将大型局域网进行分割，形成多个节点相对较少的子网，在将子网用互联设备互联起来。通过减少子网之间的数据传输，达到提高网络整体性能的目的。具体内容可参看"网络互联"部分。

所以说，从"共享介质"到"交换"是根本上改变共享介质局域网结构，扩展网络带宽的一种新技术。从目前发展情况来看，局域网产品可以分为共享介质局域网（Shared LAN）和交换式局域网（Switched LAN）两类。前面介绍的以太网、令牌环和令牌总线都属于共享介质局域网类型。交换式局域网中典型的产品是交换式以太局域网和ATM局域网，以及在此基础上发展起来的虚拟局域网。下面以交换式以太网为例加以介绍。

2．交换局域网的结构和工作原理

以太网是使用最多的局域网，如果将其星形拓扑结构的中心节点采用以太网交换机来替代传统的集线器（Hub），则构成交换式以太网，如图4-16所示。

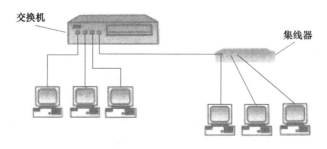

图4-16　交换式以太局域网

以太网交换机可以有多个端口，每个端口可以单独与一个节点连接，也可以与一个共享式以太网的集线器（Hub）连接。从问题简化考虑，假设一个端口只连接一个节点，当某节点需要向另一节点发送数据时，交换机可以在连接发送节点的端口和连接接收节点的端口之间建立数据通道，实现收发节点之间的数据直接传递。同时这种端口之间的数据通道可以根据需要同时建立多条，实现交换机端口之间的多个并发数据传输，从根本上改变了共享介质中数据广播，CSMA/CD控制的工作方式。它可以明显地增加局域网带宽，改善局域网的性能与服务质量。

共享介质方式与交换方式以太局域网工作原理的区别如图4-17所示。

图4-17　共享介质方式与交换方式以太局域网的工作原理

如果一个端口连接一个10Base-T以太网，那么这个端口的带宽将被一个以太网中的多个节点所共享，并且在该端口中仍要使用CSMA/CD介质访问控制方法。

4.4.2　局域网交换机

1. 局域网交换机的工作原理

以太网交换机是交换式以太局域网的核心设备，交换机（Switch）又称为开关、交换器或交换式集线器。以太网交换技术是在多端口网桥的基础上发展起来的，所以也称为"许多联系在一起的网桥"。

以太网交换机工作在OSI的数据链路层，它的基本原理：交换机检测从端口接收的数据帧中源地址和目标地址，根据"端口号/MAC地址映射表"找出对应帧的输出端口号，从而实现端口之间数据的直接传输，并可在交换机多个端口之间进行并发数据传输，避免了共享方式中的冲突。图4-18所示的是一个交换机内同时存在4个通路的情况。

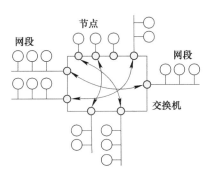

图4-18　交换机的工作原理

交换机的每一端口可以连接一个节点，也可以连接由多个节点构成的网段，由于同一时刻可在多个端口对之间进行数据传输，每个端口上连接的节点或网段可独享全部带宽。

如图4-18中建立了4个传输通路，每个传输通路都占有网络的全部带宽。例如，当使用100Mbit/s以太网交换机时，即每个端口能提供100Mbit/s的数据传输率，该交换机此时的数据流通量达400Mbit/s（4×100Mbit/s）。

一个端口上连接的网段仍然是共享介质方式，一个网段中的总流通量不会超过端口的流通量。如使用100Mbit/s的共享式Hub时，一个Hub的总流通量不会超出100Mbit/s。

由于交换机在转发数据时要通过MAC地址表进行地址识别，因此只允许一部分数据经过，也就是对网络进行了分段隔离。交换机对数据帧的过滤和转发，能有效地隔离广播风暴，减少共享冲突。

与传统的网桥相比，交换机配置有更多的端口，具有更好的性能和管理功能。随着交换机技术的发展，工作在数据链路层的交换机也逐渐实现了网络层的路由选择功能，从而形成第三层交换的概念。

2．以太网交换机的交换方式

以太网交换机的帧交换方式可以分为以下两类。

（1）静态交换方式　交换机端口之间的连接是由人工预先设定的，因此两两端口之间的通路是固定不变的，类似于硬件的连接。这种方式常被简易的低档交换机使用。

（2）动态交换方式　动态交换方式中，两两端口之间的通路是动态变化的。以太网交换机根据透明网桥工作原理，基于数据帧中的MAC地址，为每一帧临时连接一条通路，当帧传输结束，通路也自动断开。目前常见的动态交换方式有三种。

1）存储转发交换方式。

2）直通交换方式。

3）无碎片直通交换方式。

4.5　高速以太网

提高数据传输速率的另一种方案是在保留原介质访问控制方法不变的前提下，从技术上提高局域网的数据传输速率。目前，高速以太网的数据传输速率已经从10Mbit/s提高到100Mbit/s、1000Mbit/s。但它在介质访问控制方法上仍采用CSMA/CD的方法。正是这种兼容性使得它和现已安装使用的以太局域网的网络管理软件以及多种应用相兼容，这也可以解释为什么20年前的CSMA/CD技术在当今快速发展的网络环境中仍然能够继续被采用。

常用的高速以太局域网包括快速以太网和千兆位以太网。

4.5.1　快速以太网

快速以太网（Fast Ethernet）是保持10Base-T局域网的体系结构与介质控制方法不变，设法提高局域网的传输速率。它对于目前已大量存在的以太网来说，可以保护现有的投资，因而获得广泛应用。快速以太网的数据传输速率为100Mbit/s，保留着10Base-T的所有特征，包括相同的帧格式，相同的介质访问控制方法CSMA/CD，相同的接口与相同的组网方法，但采用了若干新技术，例如：

1）减少每位的发送时间，把原来每个位发送时间100ns降低到10ns。

2）缩短传输距离并增加线对数量，最大网段缩短到数百米。

3）采用新的编码方法——4B/5B编码。

IEEE 802委员会为快速以太网建立了IEEE 802.3u标准。IEEE 802.3u标准在LLC子层使用IEEE 802.2标准，MAC子层使用CSMA/CD方法，重新定义了新的物理层标准100Base-T。100Base-T标准采用介质独立接口（Media Independent Interface，MII），设置MII的目的是将MAC子层与物理层分隔开来，使得新的物理层标准变化不会影响MAC子层。

100Base-T物理层可采用多种传输介质，确定了相应的物理层标准，这些标准包括：

1）100Base-TX，采用5类非屏蔽双绞线，双绞线长度可达100m。

2）100Base-T4采用3类非屏蔽双绞线，双绞线长度可达100m。

3）100Base-FX采用多模或单模光纤，光纤长度根据安装配置的不同，可以在150～1000m之间。

100Base-T的结构如图4-19所示。

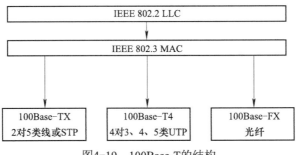

图4-19　100Base-T的结构

4.5.2　千兆位以太网

千兆位以太网（Gigabit Ethernet）在数据仓库、电视会议、3D图形与高清晰度图像处理有着广泛的应用前景。千兆位以太网的传输速率比快速以太网提高了10倍，数据传输速率达到1000Mbit/s，但仍保留着10Base-T以太网的所有特征，包括相同的数据帧格式、相同的介质访问控制方法、相同的组网方法，但采用了许多新的技术，包括将每个位的发送时间降低到1ns。

IEEE 802委员会为千兆位以太网建立了IEEE 802.3z标准。该标准在LLC子层使用IEEE 802.2标准，在MAC子层使用CSMA/CD介质访问控制方法，定义了新的物理层标准1000Base-T，并定义了千兆介质专用接口（Gigabit Media Independent Interface，GMII）。它将MAC子层与物理层分隔开来。该标准在物理层为多种传输介质确定了相应的物理层标准，这些标准包括以下几种。

1）1000Base-T，采用5类非屏蔽双绞线，双绞线长度可达100m。

2）1000Base-CX，采用屏蔽双绞线，双绞线长度可达25m。

3）1000Base-LX，采用单模光纤，光纤长度可达3000m。

4）1000Base-SX，采用多模光纤，光纤长度可达300～500m。

1000Base-T的结构如图4-20所示。

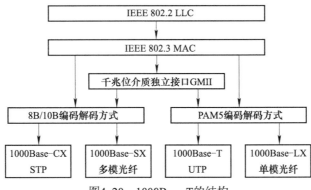

图4-20　1000Base-T的结构

从图4-20中可看出，物理层在实现1000Mbit/s速率时所使用的传输介质和信号编码方式的变化不会影响MAC子层。

4.6 局域网的组网技术

组建一个局域网，需要考虑计算机设备、网络拓扑结构、传输介质、操作系统和网络协议等诸多问题。下面介绍一个以客户端/服务器模式工作的10Base-T以太网的组网方法。

4.6.1 以太网组网中的硬件设备

如前所述，10Base-T以太网是目前办公室范围内使用最多的一种局域网。它采用以集线器（Hub）为中心的物理星形拓扑结构。组建10Base-T以太网使用的基本硬件设备包括服务器、工作站、带有RJ-45接口的以太网卡、集线器（Hub）、3类或5类非屏蔽双绞线（UTP）和RJ-45连接头。非屏蔽双绞线通过RJ-45连接头与网卡和集线器（Hub）相连。网卡与Hub之间的双绞线长度最大为100m。

10Base-T以太网典型的单集线器物理结构如图4-21所示。

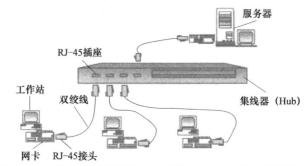

图4-21 以客户端/服务器模式工作的10Base-T以太网的网络结构

局域网的组成从原理上前面已做了介绍，这里对组网中的主要的设备的具体参数加以简要说明。

1. 服务器

服务器是整个网络系统的核心，它能为工作站提供服务和管理网络，常选用性能和配置较高的PC来担任。可通过软件设置成文件服务器、打印服务器等。一般的局域网中最常用的是文件服务器。

2. 工作站

工作站是接入网络的设备，一般性能的PC即可作为工作站来使用。

3. 网卡

网卡是网络接口卡（Network Interface Card，NIC）的简称。网卡一端通过插件方式连接到局域网中的计算机上，另一端通过RJ-45接口连接到3类或5类双绞线上。

对于专用服务器，需要选用价格较贵、性能较高的服务器专用网卡。但对一般用户而言，多选用普通工作站网卡。网卡根据不同标准可分为多种类型。

1）按照网卡的传输速率可分为：10Mbit/s网卡、100Mbit/s网卡、10Mbit/s/100Mbit/s自适应网卡（同时支持10Mbit/s与100Mbit/s的传输速率，并能自动检测出网络的传输速率）和1000Mbit/s网卡。

2）按网卡所连接的传输介质可分为：双绞线网卡、粗同轴电缆网卡、细同轴电缆网卡和光纤网卡。

由于网卡连接的传输介质不同，网卡提供了接口也不同。连接非屏蔽双绞线的网卡提供RJ-45接口，连接粗同轴电缆的网卡提供AUI接口，连接细同轴电缆的网卡提供BNC接口，连接光纤的网卡提供F/O接口。目前，很多网卡将几种接口集成在一块网卡上，以支持连接多种传输介质。例如，有些以太网卡提供BNC和RJ-45两种接口。

这里选用10Mbit/s带有RJ-45接口的，支持10Base-T以太网的网卡。

注意：上述的普通工作站网卡仅适用于台式计算机，又称之为标准以太网卡。便携式计算机联网时所使用的是另一种标准的网卡，即PCMCIA网卡。PCMCIA网卡的体积大小和信用卡相似，目前常用的有双绞线连接和细缆连接两种。它仅能用于便携式计算机。

4. 传输介质

使用3类或5类非屏蔽双绞线。

5. 局域网集线器

集线器（Hub）是10Base-T局域网的基本连接设备。网中所有计算机都通过非屏蔽双绞线连接到集线器，构成物理上的星形结构。一般的集线器用RJ-45端口连接计算机，通常根据集线器型号的不同可以配有8、12、16、24个端口；为了向上扩展拓扑结构，集线器往往还配有可以连接粗缆的AUI端口或可以连接细缆的BNC端口，甚至是光纤连接端口。

从节点到集线器的非屏蔽双绞线最大长度为100m，如果局域网的范围不超过该距离并且规模很小，则用单一集线器即可构造局域网。如果是局域网的范围超过该距离或者是联网的节点数超过单一集线器的端口数，则需要采用多集线器级联的结构，或者是采用可堆叠式集线器，如图4-22所示。

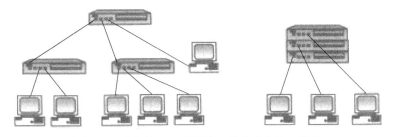

图4-22　多集线器级联结构和堆叠式集线器结构

6. RJ-45接头

RJ-45是专门用于连接非屏蔽双绞线（UTP）的设备，因其用塑料制作而又称为水晶头。它可以连接双绞线、网卡和集线器，个头虽小，但在组建局域网时起着十分重要的作用。

4.6.2 以太网组网中的软件设备

1. 局域网操作系统

如前所述，当采用客户端/服务器工作模式时，服务器和工作站上要安装相应的操作系统，如服务器上可采用Windows 2000 Server，工作站上可采用Windows 2000 Professional。

2. 网络协议

局域网中可使用的通信协议包括TCP/IP、IPX/SPX和NetBEUI三种。由于TCP/IP是互联网中使用的协议，几乎所有的操作系统都支持它，所以局域网中使用得最多。IPX/SPX（网际包交换/顺序包交换）是Novell公司的网络操作系统NetWare中使用的协议。

Windows 2000操作系统被分别安装在服务器和工作站两端。Windows 2000操作系统支持TCP/IP，但在服务器和工作站上都要求对TCP/IP进行配置，包括设置机器的IP地址、子网掩码、DNS配置等。

4.7 局域网结构化综合布线

随着计算机技术的不断发展，计算机网络在办公自动化和工业自动化中得到了广泛的应用。在庞大的局域网中如果没有合理的网络布线，网络的可靠性就无法得到保障，同时也增大了设计施工的费用。显然，局域网的组网技术中，网络布线是十分重要的。

传统的布线系统中，计算机通信、电话通信和楼内监控等多个子系统采用不同的传输介质独立布线，这就给建筑物设计和今后的管理带来一系列的隐患。随着信息化建设的推进，传统的网络布线方式已经越来越不能满足人们对于局域网中传输介质的要求了。传统的网络布线方式存在的弊病主要有：管道错综复杂，容易造成重复施工，浪费人力和物力资源，而且设备的改变、移动也比较困难，加之各系统彼此相互独立、互不兼容，造成使用、维护和管理的不便。

对于一座建筑物或建筑群，它是否能够在现在或将来始终具备最先进的现代化管理和通信水平，最终取决于建筑物内是否有一套完整、高质和符合国际标准的布线系统。为了顺应信息时代对网络传输介质的要求，人们提出了结构化综合布线的概念。

4.7.1 结构化综合布线的特点

结构化综合布线系统和传统的布线系统的区别在于：结构化布线系统的结构与当前所连接的设备的位置无关。在传统的布线系统中，哪里有设备，哪里就要布线，设备位置的变动和新增设备都很不方便，而在结构化综合布线系统中则不同，它是根据建筑物中可能有设备的位置都进行事先布线，再根据实际使用情况进行内部跳线，将所有的计算机及其他设备连接起来。

结构化综合布线系统具有以下特点：

（1）实用性　　支持多种数据通信、多媒体技术及信息管理系统等，能够适应现代和未来技术的发展。

（2）灵活性　　任意信息点能够连接不同类型的设备，如微型计算机、打印机、终端服务器、监视器等。

（3）开放性　　能够支持任何厂家的任意网络产品，支持任意网络结构，如总线型、星形、环形等。

（4）模块化　所有的接插件都是积木式的标准件，方便使用、管理和扩充。

（5）扩展性　实施后的结构化布线系统是可扩充的，以便将来有更大需求时，很容易将设备安装接入。

（6）经济性　一次性投资，长期受益，维护费用低，使整体投资达到最少。

结构化综合布线系统是建筑技术与信息技术相结合的产物，是计算机网络工程的基础，它把建筑物内的语音交换、智能数据处理设备、数据通信设备和信息管理设备在遵循统一标准的前提下，通过一定的传输介质连接起来，从而实现了模拟与数字信号的传输。它是跨学科、跨行业的系统工程，包含了建筑、计算机、通信、电气工程等多个领域的知识，与以下几个方面关系密切：楼宇自动化系统、通信自动化系统、办公自动化系统和计算机网络系统。

4.7.2　结构化综合布线的体系结构

按照一般划分，结构化综合布线系统包括6个子系统：工作区子系统、水平支干线子系统、垂直主干子系统、管理子系统、设备子系统和建筑群主干子系统，如图4-23所示。

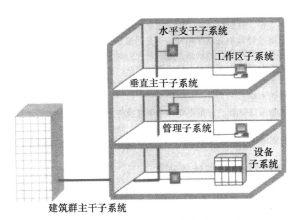

图4-23　结构化综合布线系统结构示意图

1. 工作区子系统

工作区子系统由信息设备插座、连接跳线和其所连接的终端设备组成，布线要求相对比较简单，这样容易移动和添加设备。系统中使用的连接设备必须是具备国际ISDN标准的8位接口，这种接口能够接收楼宇自动化系统所有低压信号以及高速数据网络信息和数字声音视频信号。

2. 水平支干线子系统

水平支干线子系统又称为水平布线子系统。它总是在一个楼层上，连接管理子系统至工作区，包括水平布线、信息插座、电缆终端及交换，一般采用星形拓扑结构。水平布线可选择的介质有三种（非屏蔽双绞线、屏蔽双绞线和光缆）。施工中一般采用的是5类非屏蔽双绞线。

3. 垂直主干子系统

垂直主干子系统也称骨干子系统，是高层建筑中各种垂直安装的干线的组合，负责连接管理间子系统到设备间子系统。其作用是把各个楼层配线间的信号传送到设备间，再传向外部网络，一般使用光纤或大对数的非屏蔽双绞线。从计算机网络结构方面来说，它不仅要保证每个用户端子和网络中心的连通性，还要保证每个用户端子之间的连通性。垂直主干子系统包括了楼层间的竖向连接线缆，垂直系统到平面系统分支点的线缆，垂直系统到机房子系统的线缆。建筑物中每一层中应该都有一个水平支干线子系统，垂直主干子系统的作用就是负责将这些水平支干线子系统连接起来，这样就可以方便该建筑物和其他建筑物的连接。从而可以看出，垂直主干子系统在结构化综合布线系统中的重要地位，如果垂直主干子系统出了问题，就可能会影响到整个建筑乃至整个网络系统的连通性。

4. 管理子系统

管理子系统是由各层的交联、互联和I/O设备组成的。它为连接其他子系统提供手段，是连接垂直主干子系统和水平干线子系统的设备。管理子系统主要设备有配线架、集线器、交换机和机柜等。交联和互联允许将通信线路定位或重定位在建筑物的不同部分，以便能更容易地管理通信线路。I/O位于用户工作区和其他房间或办公室，使在移动终端设备时能够方便地进行拔插。

5. 设备子系统

设备子系统也称为设备间子系统，其设计规范在EIA/TIA 569标准中规定。设备间通常由电缆、连接器和相关的支持硬件组成，这些部件将公用的设备连接至结构化布线系统的主交连区。设备子系统集中有大量的通信干线，同时也是户外系统与户内系统汇合的连接处，往往兼有布线配线的功能，其对整个系统意义重大。

6. 建筑群主干子系统

建筑群主干子系统也称楼宇子系统。它是建筑物之间的干线连接，是将一个建筑物中的光缆（或电缆）延伸到另一个建筑物的通信设备和装置，其包括铜缆、光缆、电气保护装置等。其布线方式可采用地下管道方式、直埋方式和架空明线等方式。有关的网络接口要求在TIA/EIA 569标准中有详细规定。

本章小结

通过学习局域网的组成，掌握局域网中服务器、工作站、网络接口卡、集线器、交换机、传输介质和网络操作系统等基本概念。学习局域网的主要技术，包括局域网的网络拓扑结构，如总线型拓扑结构、环形拓扑结构和星形拓扑结构；局域网的传输介质，如双绞线、同轴电缆和光纤等。局域网介质访问控制方法，如CSMA/CD等。通过IEEE 802局域网标准的学习，掌握了以太网、令牌环网和令牌总线网的介质访问控制（MAC）方法及相关物理层标准。并且学习了交换式局域网和高速以太网的基本概念以及一个以太网组网技术实例。

习题

一、单项选择题

1）在总线型局域网中，可能会出现同一时刻有两个或两个以上节点利用总线发送数据，这种情况叫作_____。

    A. 干扰   B. 冲突   C. 噪声   D. 损耗

2）局域网的逻辑结构是指_____。

    A. 局域网的操作系统结构   B. 局域网的逻辑地址

    C. 节点间的外部连接形式   D. 节点间相互关系与介质访问控制方法

3）一个局域网的物理结构和逻辑结构_____。

    A. 总是相同的   B. 总是不同的

    C. 可以相同，也可以不相同   D. 是同一个概念

4）交换式以太网的物理结构是   ，逻辑结构是_____。

    A. 总线型，总线型   B. 总线型，星形

    C. 星形，总线型   D. 星形，星形

5）CSMA/CD是_____局线网中采用介质访问控制方法。

    A. 总线型   B. 令牌环   C. 令牌总线型   D. FDDI

6）交换式局域网中的交换机端口之间支持_____。

    A. 多节点之间的介质共享   B. 多节点之间数据的并发传输

    C. 两节点之间数据的单向传输   D. 两节点之间数据的双向传输

7）路由器是_____在上实现不同网络互联的设备。

    A. 物理层   B. 数据链路层   C. 网络层   D. 应用层

8）以太网的帧中的首定界符为_____。

    A. 10101010   B. 10101000   C. 10101011   D. 10101001

9）CSMA/CD协议中，如果监听到信道空闲_____。

    A. 则立即发送数据帧，并在传输过程中不再继续监听

    B. 则立即发送数据帧，并在传输过程中再继续监听

    C. 必须继续监听一个时间段，才开始发送数据帧

    D. 必须继续监听到一个冲突，才开始发送数据帧

10）RJ—45接口连接_____。

    A. 粗缆和细缆   B. 粗缆和粗缆   C. 双绞线和双绞线 D. 双绞线和网卡

二、多项选择题

1）非对等结构网络操作系统中将联网节点分为以下两类：_____。

    A. 网络服务器   B. 网络工作站   C. 计算机   D. 网络终端

2）在非对等结构局域网中，以下说法正确的是_____。

    A. 网络操作系统软件部分全部运行在服务器上

    B. 网络操作系统软件大部分运行在服务器上

    C. 网络操作系统软件小部分远行在工作站上

    D. 网络操作系统软件部分全部运行在工作站上

3）_____都属于局域网协议。

    A. IEEE 801.5标准   B. IEEE 802.3标准

    C. SNA标准   D. IEEE 802.5标准

4）虚拟局域网技术．以下说法正确的是_____。

A. 网络中的逻辑工作组的节点组成不受节点所在的物理位置的限制

B. 网络中的逻辑工作组的节点必须在同一个网段上

C. 虚拟局域网属于OSI参考模型中数据链路层

D. 虚拟局域网是建立在交换网络的基础之上

5）快速以太网相对于传统以太网采用了一些新技术，包括_____。

A. 减少每位的发送时间，把原来每个位发送时间100ns降低到10ns

B. 缩短传输距离并增加线对数量，最大网段缩短到数百米

C. 采用新的编码方法——4B/5B编码

D. 不再使用CSMA/CD介质访问控制方法

6）组建以客户端/服务器模式工作的10Base-T以太网组时，应考虑的组件包括_____。

A. 服务器和工作站　　　　　　　　B. 网卡和双绞线

C. 集线器和RJ-45接头　　　　　　D. 局域网操作系统

三、判断题

1）总线型局域网中，由于多个节点共享总线，同一时刻可能有多个节点向总线发送数据而引起"冲突"。　　　　　　　　　　　　　　　　　　　　（　　）

2）局域网中仅使用非屏蔽双绞线。　　　　　　　　　　　　　　（　　）

3）IEEE 802标准中逻辑链路控制（LLC）子层集中了与传输介质无关的部分。媒体访问控制MAC子层集中了与传输介质有关的部分。　　　　　　　　（　　）

4）CSMA/CD是以太网的核心技术。其控制机制可以形象地描述为：先听后发，边听边发。　　　　　　　　　　　　　　　　　　　　　　　　　（　　）

5）令牌总线局域网在物理上是总线拓扑结构，逻辑上按节点地址的递减顺序构成一个逻辑环，利用"令牌"在逻辑环上传送来实现介质访问控制方法。　（　　）

6）如果一个交换式以太网的交换机端口连接一个10Base-T以太网，由于交换原理，该端口中的以太网也不使用CSMA/CD介质访问控制方法。　　　　　（　　）

四、思考题

1）简述局域网的特点。

2）IEEE 802标准中为何要划分逻辑链路控制（LLC）子层和媒体访问控制MAC子层？

3）简述IEEE 802.3标准中的CSMA/CD访问控制方法的工作原理。

4）以令牌总线网为例，简述局域网的逻辑结构与物理结构之间的关系。

5）简述交换式局域网的工作原理。

6）结构化综合布线系统体系结构分为哪几个子系统？

第5章　网络互联和互联网

学习目标

1）了解网络互联层次、网络互联设备和网络互联类型。

2）了解互联网的服务，包括WWW服务、电子邮件服务、文件传输服务、远程登录服务等。

3）了解TCP/IP参考模型的层次、功能和TCP/IP协议簇。

4）了解IP中IP地址结构、子网掩码及IP数据报的路由选择。

5）了解TCP和UDP中的端口概念。

6）了解互联网的域名系统和互联网接入技术。

5.1　网络互联技术

随着各种广域网和局域网的发展，必然要求实现网络与网络之间在更大范围内的信息共享，这样一来，通过网络互联进行数据交换已是势在必行。另一方面，为了改善网络传输速率和提高网络的安全性，可以采用将一个局域网划分成多个子网再用网络互联设备连接起来的方法，从这个角度来看，也需要采用网络互联技术。目前，网络互联技术已经成为网络技术研究与应用的一个新的热点问题。

5.1.1　网络互联的层次

网络互联要实现将多个网络相互连接起来，以构成更大规模的互联网络系统。这些互联的网络可以是同种类型的网络也可以是不同类型的网络，其上可以运行相同的或不同的网络协议。为了讨论问题，引入网络互联层次的概念。

网络互联从互联层次上来看，主要有物理层互联、数据链路层互联和网络层互联。

1. 物理层互联

物理层使用中继器（repeater）实现互联。物理层互联只完成位信号的复制、放大和整形，常用于扩展局域网段的长度，实现两个相同的局域网互联。

2. 数据链路层互联

数据链路层使用网桥（Bridge）实现互联。网桥完成数据接收、地址识别和数据转发。用网桥实现数据链路层互联两个或多个网络时，互联网络的数据链路层与物理层协议可以是相同的，也可以是不同的，如果协议不同，则需要在数据链路层进行协议转换。

3. 网络层互联

网络层使用路由器（Router）实现互联。网络层互联主要完成在不同网络之间存储转发数据分组，要解决的问题是路由选择、拥塞控制、差错处理与分段技术等。路由器实现网络层互联时，允许互联的各个网络的网络层及其以下各层协议是相同的或者是不相同的。如果网络层协议相同，则互联主要是解决路由选择问题。如果网络层协议不同，则需使用多协议路由器（Multiprotocol Router）对其进行协议转换。

4. 高层互联

传输层及以上各层协议使用网关（Gateway）实现互联。采用不同的传输层及以上各层协议的网络之间互联时，网关完成对相应高层协议的转换，所以网关常被称为"协议转换器"。高层互联中使用最多的网关是应用层网关，通常简称为应用网关（Application Gateway）。应用网关可以实现两个应用层及以下各层均不相同的网络的互联。

需要注意的是，"网关"这个词在不同场合有不同的含义。从广义上说，所有的网络互联设备，包括中继器、网桥、路由器都可称为网关；从狭义上说，仅将实现传输层或传输层以上协议互联的设备称为网关。很显然，这里说的网关是狭义网关的概念。在实际文献中，则需要根据上、下文来判定其具体的含义。

5.1.2 网络互联设备分类

网络之间互联时，必须使用网络互联设备，网络互联设备称为中继（Relay）系统。网络互联是有层次的，网络互联设备也是有层次的。

1. 中继器（Repeater）

中继器完成位信号的复制、放大和整形。它完全是一个硬设备，工作在OSI网络协议的最底层——物理层。常用于实现两个相同局域网的互联，相同局域网采用的协议相同，仅因信号在传输介质上的衰减，使得信号传输距离有限，故可以使用中继器来扩展局域网段的长度，如图5-1所示。例如，粗缆以太网，收发器的信号传输最远距离为500m，可以通过多个中继器使之传输距离达到2.5km。当然，不能使用中继器无限地扩展连接。一般来说，一个以太网最多可使用4个中继器，实现5个电缆段的连接。

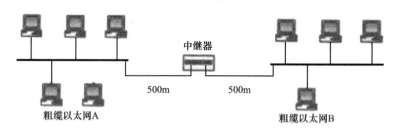

图5-1 利用中继器进行网络互联

目前，以太局域网中常使用的集线器（Hub）也是一类中继器。由于中继器连接起来的网络仍属于同一个物理网络。从严格意义上说，中继器不能构成网络互联环境，它不能算是网络互联设备，因此，有些文献中未将其列入网络互联设备范畴。

2. 网桥（Bridge）

（1）网桥的作用 网桥是工作在数据链路层上的网络互联设备，常用于互联两个或多个遵守IEEE 802协议的局域网。从互联层的概念可知，网桥互联的两个局域网应该在数据链路层及其以上各层采用相同的协议,而遵守IEEE 802协议的局域网,其逻辑链路控制(LLC)子层是相同的,计算机网络基础如果两个局域网又使用相同的网络操作系统,则可利用网桥实现互联并进行应用程序级的信息交换。例如,实际应用中,常用网桥连接两个采用IEEE 802协议的NT局域网或两个采用IEEE 802协议的Netware局域网。

网桥在两个局域网之间对数据链路层的帧进行接收、存储和转发,以实现通信。同时也可实现将局域网进行分割,形成若干个网段,从而可以减少各个局域网的冲突,提高网络的数据传输率和数据安全性。

遵守IEEE 802协议的局域网可采用不同的MAC层协议、不同的传输介质和不同的拓扑结构。图5-2是遵守IEEE 802协议的以太网、令牌环网和令牌总线网利用网桥进行互联的示意图。

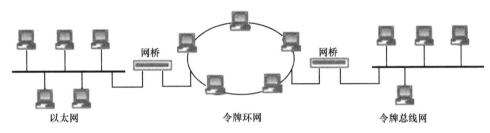

图5-2　MAC子层不相同的局域网利用网桥互联

(2)网桥的工作原理　网桥在互联的两个局域网之间转发数据帧时,要进行地址识别,因此网桥具有寻址和路径选择的功能。例如,以太网使用的"透明网桥"中存有一张路径选择表,通过不断的学习,其中保存了目的节点MAC地址和输出网络之间的对应关系,当网桥收到一个数据帧时,即根据其中包含的MAC地址,包括源地址和目的地址来决定该帧是转发到另一个网络还是将其删除。网桥的这种功能称为"数据帧过滤"。

例如,图5-3所示的两个以太局域网A与B通过网桥实现互联。当以太网A中地址为103的主机向同一局域网中地址为105的主机发送数据帧时,由于广播原理,网桥也可以接收到该数据帧,但网桥在进行地址识别以后,认为不需要转发,而将该帧丢弃。这样一来,以太网B中的主机完全听不到这次广播,换句话说,数据帧被过滤了。如果节点103主机向以太网B中203主机发送数据帧,网桥接收到该帧后进行地址识别,确定应发送到以太网B中,网桥则通过与以太网B的网络接口转发该帧,于是以太网B中的203主机就能接收到该数据帧。

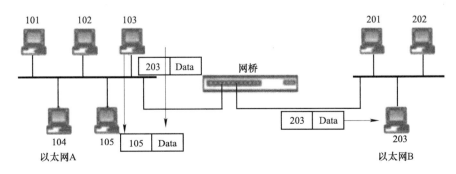

图5-3　网桥的工作原理

网桥的这种数据帧过滤特性，经常用来将一个大型局域网分成既独立又能相互通信的多个小的局域网的互联结构。

如果局域网的种类不同，即它们的MAC协议是不同的。网桥转发还必须解决帧格式的转换问题。图5-4为以太网与令牌环网互联时数据帧通过网桥转发时分组的转换过程。这里设以太网中的节点A发送数据，以太网的网络层分组加上LLC和MAC子层控制信息封装成802.3格式的帧，网桥可以将此帧重新封装成802.5格式的帧转发给令牌环网。这样可以理解网桥为什么能将两个MAC层不同的局域网互联起来。

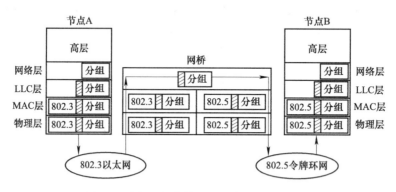

图5-4　以太网与令牌环网通过网桥实现互联

3. 路由器（Router）

（1）路由器的功能　路由器实现网络层上多个网络的互联，完成对数据分组的存储转发。网络层互联时，要求两个网络的网络层及网络层以上的高层采用相同的协议（例如TCP/IP），而数据链路层和物理层可以是不同的或者是相同的。

路由器常用于局域网和广域网的连接。例如，通过路由器使用TCP/IP，实现以太局域网和X.25广域网的连接。路由器也可以实现局域网和局域网的互联。要完成分组的存储转发，路由器应具备的以下两个主要功能。

1）路由选择功能——路由器能根据分组中的地址决定分组转发至哪个网络。特别是广域网中的路由器可能有多个连接的出口，如何根据网络拓扑的情况，选择一个最佳路由，以实现数据的合理传输是十分重要的。路由器能完成选择最佳路由的操作。

2）协议转换功能——当互联网络的网络层以下协议不相同时，路由器可以进行协议转换。例如，以太网和X.25网的层次结构和协议是不相同的，路由器能将一种数据格式转换成另一种数据格式。

除此以外，路由器还应具有流量控制、分段和组装、网络管理等功能。

（2）路由器的操作过程　图5-5是以太网通过口路由器和X.25广域网相连接的示意图。源端节点将上层数据在网络层（IP层）封装成一个或多个IP分组，分组带有源IP地址与目的IP地址。分组经LLC子层和MAC子层封装后经以太网传输到IP路由器。路由器接收到之后剥去LLC和MAC子层的控制信息后，路由器的网络层检查分组的目的IP地址并查路由表，确定该分组应该的输出路径。当确定下一个网络是X.25网时，则重新按X.25的帧格式进行封装，使得X.25网可以识别并接收该帧。

如果目的节点在另一个以太局域网中，并且通过另一个IP路由器和X.25网相连（图5-5

中未画出），那么另一个IP路由器完成将X.25数据帧转换成以太网数据帧。

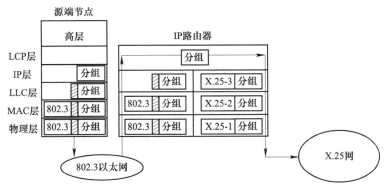

图5-5　以太网通过IP路由器和X.25广域网相连接

5.1.3　网络互联的类型

计算机网络从覆盖地域类型上可以分为广域网、城域网与局域网。网络互联的类型主要有以下几种。

1. 局域网—局域网互联

这是最常见的一种互联方式，前面在介绍互联设备时已多次提及。当两个以太网互联，或者是两个令牌环网互联时，因为分别采用相同的局域网协议，这种互联称为同种局域网互联。同理，当一个以太网和一个令牌环网互联时，这种互联称为异种局域网的互联。

2. 局域网—广域网互联

这也是目前常见的互联方法，前面介绍路由器时提到的以太网经过IP路由器和X.25广域网相连即是一个局域网—广域网互联的实例。局域网—广域网互联时必须采用路由器或网关。

3. 局域网—广域网—局域网互联

当两个局域网相距甚远时，如分布在不同城市，它们需要通过广域网实现互联。局域网连接到广域网上要使用路由器或网关。

4. 广域网—广域网互联

这种互联方式使用路由器或网关互联广域网和广域网，使之在更大范围内资源共享。

5.2　互联网基础

5.2.1　互联网的层次结构

互联网采用一种层次结构，即由互联网主干网、国家或地区主干网、地区网或局域网以及主机或服务器按层次构成。目前，主干网是美国高级网络和服务公司（Advanced

Network and Services，ANS）所建设的ANSNET。各个国家和地区建设的主干网接入ANSNET，如我国的四大互联网：中国教育科研网（CERNet）、中国公用计算机互联网（ChinaNet）、中国金桥网（GBNet）和中国科技网（CSTNet）。各个地区的区域网接入国家和地区主干网，各单位的局域网接入地区的区域网，而内部主机和服务器则直接连到局域网上，从而构成互联网一种层次化的树形结构。

5.2.2 互联网服务

互联网提供的服务很多，而且新的服务还不断推出，目前最基本的服务有WWW服务、电子邮件服务、远程登录服务、文件传送服务、电子公告牌、网络新闻组、检索和信息服务。

1. WWW服务

WWW是目前广为流行的信息服务。它具有友好的用户查询界面，使用超文本（Hypertext）方式组织、查找和表示信息，摆脱了以前查询工具只能按特定路径一步一步查询的限制，使得信息查询能符合人们的思维方式，随意地选择信息链接。WWW目前还具有连接FTP、BBS等服务的能力。总之，WWW的应用和发展已经远远超出网络技术的范畴，影响着新闻、广告、娱乐、电子商务和信息服务等诸多领域。可以说，WWW的出现是互联网应用的一个革命性的里程碑。下面介绍几个和WWW相关的术语。

（1）浏览器　　WWW服务采用客户端/服务器工作模式，客户端需使用应用软件——浏览器，这是一种专用于解读网页的软件。目前常用的有Microsoft公司的IE（Internet Explorer）和Netscape公司的Netscape Communicator。浏览器向WWW服务器发出请求，服务器根据请求将特定页面传送至客户端。页面是HTML文件，需经浏览器解释，才能使用户看到图文并茂的页面。

（2）主页和页面　　互联网上的信息以Web页面来组织，若干主题相关的页面集合构成Web网站。主页（HomePage）就是这些页面集合中的一个特殊页面。通常，WWW服务器设置主页为默认值，所以主页是一个网站的入口点，就好似一本书的封面。目前，许多单位都在互联网上建立了自己的Web网站，进入一个单位的主页以后，通过网页上的链接即可访问更多网页的详细信息。

（3）HTTP　　WWW服务中客户端和服务器之间采用超文本传输协议（HTTP）进行通信。从网络协议的层次结构上看，应属于应用层的协议。使用HTTP定义的请求和响应报文，客户端发送"请求"到服务器，服务器则返回"响应"。

（4）超文本和超媒体　　超文本技术是将一个或多个"热字"集成于文本信息之中，"热字"后面链接新的文本信息，新文本信息中又可以包含"热字"。通过这种链接方式，许多文本信息被编织成一张网。无序性是这种链接的最大特征。用户在浏览文本信息时，可以随意选择其中的"热字"而跳转到其他文本信息上，浏览过程无固定的顺序。更进一步，"热字"不仅能够链接文本，还可以链接音频、图形、动画等，被称为超媒体。

（5）统一资源定位器URL　　统一资源定位器（Uniform Resource Locator，URL）体现了

互联网上各种资源统一定位和管理的机制，极大地方便了用户访问各种互联网资源。URL的组成为：

<协议类型>: //<域名或IP地址>/路径及文件名

其中，协议类型可以是HTTP（超文本传输协议）、FTP（文件传输协议）、Telnet（远程登录协议）等，因此利用浏览器不仅可以访问WWW服务，还可以访问FTP服务等。域名或IP地址指明要访问的服务器。路径及文件名指明要访问的页面名称。

HTML文件中加入URL，则可形成一个超链接。

（6）搜索引擎　　随着互联网的迅速发展，网上信息以爆炸性的速度不断扩展，这些信息散布在无数的服务器上。为了能在数百万个网站中快速、有效地查找到想要得到的信息，互联网上提供了一种称为"搜索引擎"的WWW服务器。用户借助搜索引擎可以快速地查找所需要的信息。

搜索引擎是互联网上的一个WWW服务器，它使得用户在网站中快速查找信息成为可能。目前，互联网上的搜索引擎很多，它们都可以进行如下工作：

1）能主动地搜索在互联网中其他WWW服务器的信息，并收集到搜索引擎服务器中。

2）能对收集的信息分类整理，自动索引并建立大型搜索引擎数据库。

3）能以浏览器界面的方式为用户进行信息查询。

用户通过搜索引擎的主机名进入搜索引擎以后，只需输入相应的关键字即可找到相关的网址，并能提供相关的链接。

2. 电子邮件服务（E-mail）

电子邮件服务以其快捷便利、价格低廉的优点而成为目前互联网上使用最广泛的一种服务。用户使用这种服务传输各种文本、音频、图像、视频等信息。

电子邮件服务采用客户端／服务器的工作模式。电子邮件系统也可分为两个部分，邮件服务器和邮件客户。这里，电子邮件服务器是互联网邮件服务系统的核心。用户将邮件提交给自己方的邮件服务器，由该邮件服务器根据邮件中的目的地址，将其传送到对方的邮件服务器；然后由对方的邮件服务器转发到收件人的电子邮箱中。

用户首次使用电子邮件服务发送和接收邮件时，必须在该服务器中申请一个合法的账号，包括账号名和密码。

电子邮件应用程序向邮件服务器上传邮件时使用简单邮件传输协议（SMTP）。用户从邮件服务器的邮箱中读取邮件时，目前有两种可以使用的协议：POP3（Post Office Protocol）和IMAP（Interactive Mail Access Protocol）。POP3采用离线访问模式，即用户访问POP3服务器时，邮件被下载到用户的机器中，原邮件服务器中的邮件自动删除，用户完全在本地阅读、管理和存储邮件。IMAP除了支持离线访问模式以外，还支持在线访问模式。在线访问模式下用户阅读和管理邮件的操作可以直接在服务器中进行，邮件可以下载也可以存储在邮件服务器中。显然，IMAP较之POP3性能优越，它是互联网邮件服务的发展趋势。不过，目前邮件服务器上最常用的是POP3。

3. 文件传输服务（FTP）

文件传输服务允许互联网上的用户将文件和程序传送到另一台计算机上，或者从另一台计算机上复制文件和程序。

互联网中的FTP服务器采用典型的客户端/服务器工作模式。FTP服务器提供文件传输服务。这种服务包括FTP客户端从FTP服务器下载文件到自己的计算机，也包括将客户端的文件上传到FTP服务器。用户登录FTP服务器时，一般要求用户给出自己的专用账号和口令。但这不是必须的，因为FTP服务器提供了一种匿名FTP，可以使用公共账号和口令登录，以获得对一些公用文件查阅和传输的权限。用户不注册就能登录FTP服务器的方法，为用户共享资源提供了极大的方便。常使用FTP文件传输服务从远程主机上下载需要的各种文件及软件。

目前常用的FTP客户端应用程序有以下几种。

1）包含在操作系统中的FTP命令行。由于命令及命令参数难于记忆，一般已少用。

2）访问WWW服务的客户端应用程序——浏览器。用户只需在浏览器页面的地址栏中将协议类型改写成FTP：后面指定FTP服务器的主机名即可访问FTP服务器。

3）常用的FTP下载软件，如NetAnts。NetAnts被译为"网络蚂蚁"，它可以进行断点续传、多点续传，能最大限度地利用网络资源，下载效率极高。类似的下载软件还有GetRight、CuteFtp等。

4. 远程登录服务（Telnet）

用户计算机需要和远程计算机协同完成一个任务时，需要使用互联网的远程登录服务。Telnet采用了客户端/服务器模式，用户远程登录成功后，用户计算机暂时成为远程计算机的一个仿真终端，可以直接执行远程计算机上拥有权限的任何应用程序，而计算机此时只起到发送命令、接收和显示运算结果的作用。

5. 网络新闻服务（Usenet和BBS）

网络新闻组是利用网络进行专题讨论的国际论坛。Usenet是规模最大的一个网络新闻组。用户可以在一些特定的讨论组中，针对特定的主题阅读新闻，发表意见，相互讨论，收集信息等。

电子公告牌（Bulletin Board System，BBS）是一种电子信息服务系统。通过提供公共电子白板，用户可以在上面发表意见，并利用BBS进行网上聊天、网上讨论、组织沙龙、为别人提供信息等。

6. 信息查找服务（Gopher）

Gopher是互联网上一种综合性的信息查询系统，它给用户提供具有层次结构的菜单和文件目录，每个菜单指向特定信息。用户选择菜单项后，Gopher服务器将提供新的菜单，逐步指引用户轻松地找到自己需要的信息资源。

7. 广域信息服务（WAIS）

广域信息服务（Wide Area Information Service，WAIS）是一个网络数据库的查询工具，它可以从互联网上数百个数据库中搜索任何一个信息。用户只要指定一个或几个单词为关键字，WAIS就按照这些关键字对数据库中的每个项目或整个正文内容进行检索，从中找出关键词相匹配，即符合用户要求的信息，查询结果通过客户端返回给用户。

5.3　TCP/IP参考模型

5.3.1　参考模型概述

互联网采用TCP/IP。由于互联网在全世界的飞速发展，TCP/IP已经成为事实上的国际标准，TCP/IP的广泛应用对网络技术发展产生了重要的影响。

TCP/IP起源于ARPANET。ARPANET是美国国防部于1969年赞助研究的世界上第一个采用分组交换技术的计算机网络。该网络使用点到点的租用线路，逐步地将数百所大学、政府部门的计算机连接起来，这也就是互联网的前身。随着卫星通信系统与通信网的发展，原来ARPANET上最初开发的网络协议出现了不少问题，从1982年开始，ARPANET上采用了一簇以TCP和IP为主的新的网络协议，不久又由此定义了TCP/IP参考模型（TCP/IP Reference Model）。

1. TCP/IP参考模型的层次

在如何用分层模型来描述TCP/IP体系结构的问题上，目前并没有完全统一。一般认为，TCP/IP参考模型应包括四个层次，从上往下依次为：应用层、传输层、网络互联层、主机—网络层。为了便于理解模型中各层的含义，图5-6给出了TCP/IP参考模型和OSI参考模型的层次对应关系。

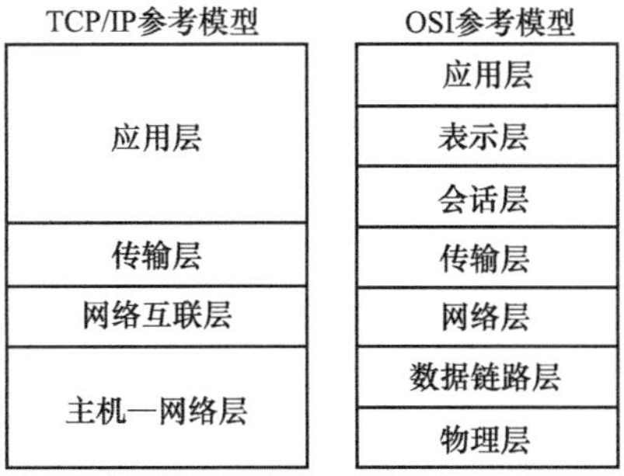

图5-6　TCP/IP参考模型和OSI参考模型

在TCP/IP参考模型中，没有专门设计对应于OSI/RM表示层、会话层的分层。

2. TCP/IP参考模型的功能

TCP/IP参考模型各层的功能简述如下：

（1）应用层　对应于OSI/RM模型中的会话层、表示层和应用层。它不仅包括了OSI/RM会话层以上三层的所有功能，还包括了应用程序，所以TCP/IP模型比OSI/RM更简洁和更实用。它能为用户提供若干应用程序调用。

（2）传输层　对应于OSI/RM的传输层。它实现端—端（主机—主机）无差错通信。由于该层中使用的主要协议是TCP，因此又称为TCP层。

（3）网络互联层　对应于OSI/RM的网络层。负责对独立传送的数据分组进行路由选择，以保证可以发送到目的主机。由于该层中使用的是IP，因此又称为IP层。

（4）主机—网络层　对应于OSI/RM的物理层、数据链路层及一部分的网络层功能。负责将数据送到指定的网络上。主机—网络层直接面向各种不同的通信子网。目前常用的以太网、令牌环网等局域网和X.25分组交换网等广域网都可以通过本层接口接入。

5.3.2 TCP/IP协议簇

1. TCP/IP协议簇的组成

在TCP/IP参考模型中定义了一组协议，其中最重要的两个协议是传输控制协议（Transport Control Protocol，TCP）和网际互联协议（Internet Protocol，IP），因此用TCP/IP作为协议族名。

TCP/IP协议族中一些主要协议及其相互关系如图5-7所示。

应用层	HTTP	TELNET	FTP	SMTP	DNS	…
传输层	TCP			UDP		
网络互联层	IP					
			ARP	RARP		
主机—网络层	以太网	令牌环	X.25	FDDI	…	

图5-7　TCP/IP协议族

2. TCP/IP协议簇的功能

下面对TCP/IP协议族中各层协议的功能作一个简要的描述，其中运输层和网络互联层协议将在后面章节中详细讨论。

（1）应用层　应用层包括了许多的高层协议，随着互联网应用范围的扩大，总会不断有新的协议加入。目前主要使用的协议有以下几种。

1）HTTP——超文本传输协议，用于互联网上的WWW服务。

2）TELNET——网络终端仿真协议，用于实现远程系统登录功能，以使用远程主机的资源。

3）FTP——文件传输协议，用于实现交互式文件传输和文件管理功能。

4）SMTP——简单电子邮件协议，用于实现电子邮件传送功能。通常，电子邮件应用程序向邮件服务器传送邮件时使用SMTP；而从邮件服务器的邮箱中读取时使用POP3或IMAP。

5）DNS——域名服务，用于实现网络设备域名到IP地址的映射。

（2）传输层　传输层定义了两种协议：即传输控制协议（Transport Control Protocol，TCP）和用户数据报协议（User Datagram Protocol，UDP）。

1）TCP——一种可靠的面向连接的协议，可以将源主机的字节流无差错地传送到目的主机。在多数情况下，传输层使用TCP，以保证将通信子网中的传输错误全部处理完毕。

2）UDP——一种不可靠的无连接协议。分组传输中的差错控制由应用层完成。

应用层协议在传输层协议之上，其中一些使用面向连接的TCP，如网络终端仿真协议（TELNET）、电子邮件协议（SMTP）、文件传输协议（FTP）；另一些使用依赖于面向无连接的UDP，如简单网络管理协议（SNMP）、简单文件传输协议（TFTP）。

（3）网络互联层（IP层）　互联层定义了IP。IP是一种面向无连接的协议。它负责将发

计算机网络基础

送主机的数据分组以"无连接"的方式发送到目的主机。由于是"无连接"方式，各数据分组在互联网中是独立传输的，所以IP层必须负责数据分组传送过程中的路由选择和差错控制。同时，"无连接"方式也决定了构成一个传输层报文的各个分组的发送顺序和接收顺序不同，甚至有丢失现象，这些问题则提交给传输层去解决。

IP要为TCP和UDP提供服务，即TCP和UDP都要通过IP来发送、接收数据，所以IP层是TCP/IP的核心。

IP层还包括两个重要的协议：地址解析协议（ARP）和反向地址解析协议（RARP）。这两个协议用于需要进行IP地址与物理地址转换的场合，ARP根据节点的IP地址查找物理地址，这是一般数据传输时常用到的协议。RARP则根据节点的物理地址查找IP地址，用于无盘工作站。

（4）主机—网络层　主机—网络层可连接多种物理网络协议，如以太网、令牌环和X.25分组交换网等。尽管这些网络的拓扑结构、传输介质、控制机制差异很大，但它们的网络数据通过相应的接口程序组装成统一的IP数据分组，都可以在互联网上传送，这正体现出TCP/IP的兼容性与适应性，也是互联网成功的关键所在。

5.4　IP

5.4.1　IP的服务

IP向传输层提供一种无连接的，不可靠的服务。因为无连接，所以数据交换前无须在发送方和接收方之间建立一条专用通信线路。发送方只需将数据通过网络接口传送到网络上，数据在网络中逐站被传送时，途中站点根据网络当时的实际情况来决定下一站点的选择，即路径选择。这种方式下无法预先确定数据将沿着哪条线路到达目的地。以"无连接"方式来传输数据时，可能会出现数据丢失、重复等现象，其可靠性不高，但优点是灵活方便，可实现线路最大的利用率。

IP的不可靠性使得传输层必须使用可靠的TCP，以保证向高层提供可靠的数据传输服务。

5.4.2　IP地址

为了使所有连入互联网的计算机必须拥有一个网内唯一的地址，以便相互识别，就像每台电话机必须有一个唯一的电话号码一样。互联网上计算机拥有的这个唯一地址称为IP地址。

1．IP地址的结构

互联网目前使用的IP地址采用IPv4结构。层次上采用按逻辑网络结构划分。一个IP地址划分为两部分：网络地址和主机地址。网络地址标识一个逻辑网络，主机地址标识该网络中的一台主机，如图5-8所示。

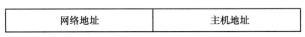

网络地址	主机地址

图5-8　IP地址的结构

IP地址由网络信息中心（NIC）统一分配。NIC负责分配最高级IP地址，并给下一级网络中心授权在其自治系统中再次分配IP地址。在国内，用户可向电信公司、ISP或单位局域网管理部门申请IP地址，这个IP地址在互联网中是唯一的。如果是使用TCP/IP构成局域网，则可自行分配IP地址，该地址在局域网内是唯一的，但对外通信时需经过代理服务器。

需要指出的是，IP地址不仅是标识主机，还标识主机和网络的连接。TCP/IP中，同一物理网络中的主机接口具有相同的网络号，因此当主机移动到另一个网络时，它的IP地址需要改变。

IP为每一个网络接口分配一个IP地址。如果一台主机有多个网络接口，则要为其中的每个接口都分配一个IP地址。但同一主机上的多个接口的IP地址没有必然的联系。路由器往往连接多个网络，对应于每个所连接的网络都分配一个IP地址，所以路由器也有多个IP地址。

2．IP地址分类

IPv4结构的IP地址长度为4字节（32位），根据网络地址和主机地址的不同划分，编址方案将IP地址划分为A、B、C、D、E五类，A、B、C是基本类，D、E类作为多目广播和保留使用，如图5-9所示。

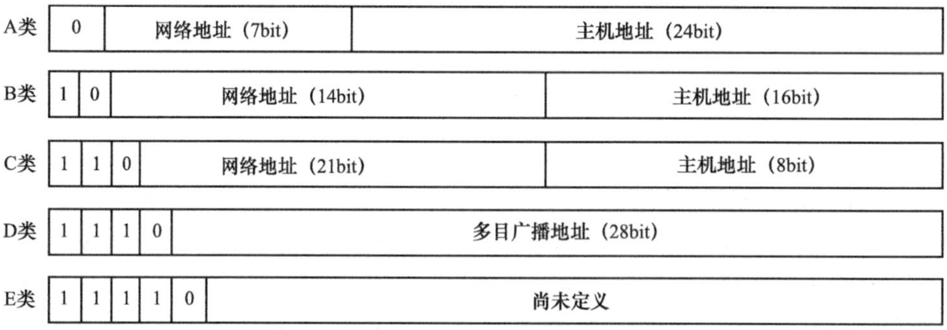

图5-9　IP地址的分类

A类地址用第1位为0来标识。A类地址空间最多允许容纳27个网络，每个网络可接入多达224台主机，适用于少数规模很大的网络。

B类地址用第1、2位为10来标识。B类地址空间最多允许容纳214个网络，每个网络可接入多达216台主机，适用于国际性大公司。

C类地址用第1～3位为110来标识。C类地址空间最多允许容纳221个网络，每个网络可接入28台主机。适用于小公司和研究机构小规模的网络。

D类地址用第1～4位为1110来标识。用于多目广播，其中没有网络地址。

E类地址用第1～5位为11110来标识。暂时保留，尚未定义。

IP地址的32位通常写成4个十进制的整数，每个整数对应一个字节。这种表示方法称为"点分十进制表示法"。例如，一个IP地址可表示为：202.115.12.11。

根据点分十进制表示方法和各类地址的标识，可以分析出IP地址的第一个字节，即前8位的取值范围：A类为0～127，B类为128～191，C类为192～223。因此，从一个IP地址直接判断它属于哪类地址的最简单方法是，判断它的第一个十进制整数所在范围。下边列出了各类地址的起止范围。

- A类：1.0.0.0～126.255.255.255（0和127保留作为特殊用途）。
- B类：128.0.0.0～191.255.255.255。

- C类：192.0.0.0～223.255.255.255。
- D类：224.0.0.0～239.255.255.255。
- E类：240.0.0.0～247.255.255.255。

3．子网（Subnet）和子网掩码（Mask）

从IP地址的分类可以看出，地址中的主机地址部分最少有8位，显然对于一个网络来说，最多可连接254台主机（全0和全1地址不用），这往往容易造成地址浪费。为了充分利用IP地址，TCP/IP采用了子网技术。子网技术把主机地址空间划分为子网和主机两部分，使得网络被划分成更小的网络——子网。这样一来，IP地址结构则由网络地址、子网地址和主机地址三部分组成，如图5-10所示。

网络地址	子网地址	主机地址

图5-10　采用子网的IP地址结构

当一个单位申请到IP地址以后，由本单位网络管理人员来划分子网。子网地址在网络外部是不可见的，仅在网络内部使用。子网地址的位数是可变的，由各单位自行决定。为了确定哪几位表示子网，IP引入了子网掩码的概念。通过子网掩码将IP地址界定为两部分：子网地址和主机地址。

子网掩码是一个与IP地址对应的32位数字，其中的若干位为1，另外的位为0。IP地址中和子网掩码为1的位相对应的部分是网络地址和子网地址，和为0的位相对应的部分则是主机地址。子网掩码原则上0和1可以任意分布，不过一般在设计子网掩码时，多是将开始连续的几位设为1。

5.4.3　IP数据报路由

1．IP数据报格式

IP层将传输层的数据加上报头信息封装成IP数据报，因此IP数据报由报头和数据两部分组成，如图5-11所示。

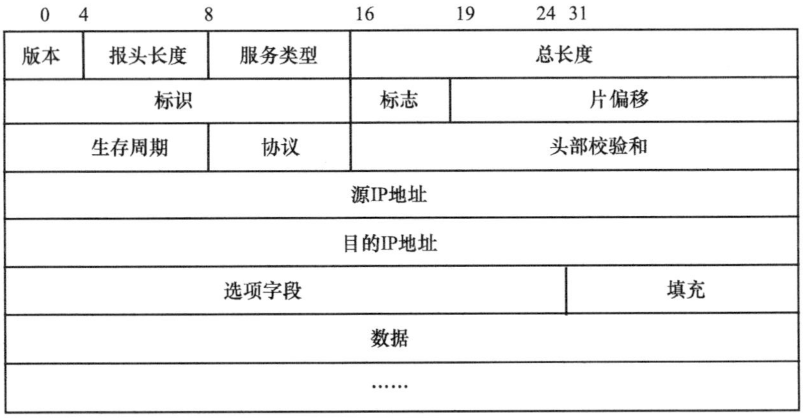

0　　4	8	16　　19	24　31
版本 ｜ 报头长度 ｜ 服务类型		总长度	
标识		标志 ｜ 片偏移	
生存周期 ｜ 协议		头部校验和	
源IP地址			
目的IP地址			
选项字段		填充	
数据			
……			

图5-11　IP数据报格式

IP报头包含的控制信息简要介绍如下。

（1）版本（4bit）表示与该数据报相对应的IP版本号，目前常用的版本号为4。

（2）报头长度（4bit）表示该IP报头的长度。最小值为5，最大值为15，以4字节为单位，因此IP报头的最小长度为20个字节。

（3）服务类型8（bit）表示IP数据报希望获得的服务质量，如要求低延迟、高吞吐率或高可靠性的服务。

（4）总长度（16bit）表示该数据报总的长度，包括报头和数据两部分，单位为字节。数据报最大长度可达65 535字节。

（5）标识（16bit）、标志（3bit）和片偏移（13bit）标识、标志和片偏移三个字段共同用来控制数据报的分片和重组。利用IP互联的物理网络所能处理的最大数据报长度可能有差异，为此IP数据报在网间传递时需要进行分片和重组。在分片时，一个大的数据报将被分解成若干个小的数据报。标识用来指明该数据报分片前原属于哪一个数据报；标志可以用来指明该数据报位于原数据报的中间还是末尾；片偏移表示该数据报在原数据报中的位置。接收方可根据这三个字段参数进行重组。

（6）生存周期（8bit）设置该数据报的最大生存时间，单位为秒，以避免数据报在网络中无休止地循环传输。

（7）协议（8bit）表示该数据报数据区数据的上一层使用的传输协议类型，如ICMP、TCP、UDP等。

（8）头部校验和（16bit）用于对报头进行校验，以保证报头的正确性。

（9）源IP地址和目的IP地址（各32bit）分别表示本数据报发送端和接收端的IP地址。

（10）选项字段和填充 选项字段用于控制和测试，长度是可变的。如果长度不是32bit的整数倍，则用填充字段凑齐。

2．IP数据报的路由选择

互联网是网间网，由许多物理网络互联而成。网络之间通过路由器（或网关）相连接。如果把路由器（或网关）看成交换节点，相邻网络看成连线，网间网可看成是一个点到点的存储网络。路由器在互联网中负责将从一个网络收到的IP数据报，根据目的IP地址经过路由选择转发到下一个网络中。

IP数据报路由选择是指寻找一条将数据报从源节点传输到目的节点的最佳路径。互联网中的每台路由器上都保存一张IP路由表，一个路由表中有许多项，每一项中包含目的网络的IP地址和到达该目的网络要经过的"下一个"路由器的IP地址。表5-1是图5-12所示的网络互联结构中路由器R1上的路由表。

表5-1 路由器R1上的路由表

目 的 网 络	路由（下一个路由器）
10.0.0.0	直接投递
20.0.0.0	直接投递
30.0.0.0	直接投递
40.0.0.0	20.0.0.7
50.0.0.0	30.0.0.4
60.0.0.0	30.0.0.5

由路由器R1上的路由表结构，可以看出：

1）路由表中目的地址不是目的主机的IP地址，而是目的主机所在网络的地址，这样可以提高路由算法的效率。

2）路由表中没有指明到目的节点的完整路径，也就是说，路由器并不知道到目的节点如何逐站传递，仅仅知道从本路由器出发到目的网络路径上的"下一步"，即下一个路由器或"直接投递"。

IP中根据路由表来进行路由选择，在图5-12中，网络10.0.0.0、20.0.0.0和30.0.0.0都和路由器R1直接相连，当路由器R1收到一个目的网络号为10.0.0.0、20.0.0.0或30.0.0.0的IP数据报时，R1则将该数据报直接传送给相应网络的目的主机，这就是"直接投递"的意义。当不能直接投递时，IP路由器将选择下一个应该投递的路由器。在图5-12中，如果数据报的目的网络地址为40.0.0.0，那么R1需要根据路由表中的下一个路由器地址20.0.0.7，将该数据报传送给路由器R2，然后由路由器R2再次投递。同理，如果数据报的目的网络地址为50.0.0.0，那么R1需要根据路由表中的下一个路由器地址30.0.0.4，将该数据报传送给另一个路由器R4。

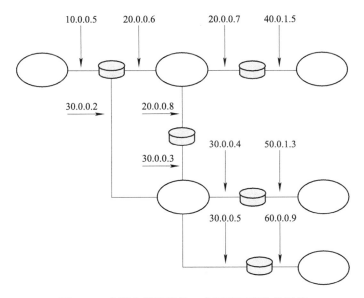

图5-12　由路由器连接的一个网络互联结构示例

基本的IP路由选择算法如图5-13所示。

```
从数据报中取出目的IP地址的网络地址部分N
if  N 匹配直接连接的网络地址
then  通过该物理网络直接投递给目的主机
else  if  如果目的IP地址是特定主机
        then  按路由表发送
else  if  N出现在路由表中
        then  按路由表发送
else  if  路由表包含了默认路由
        then  发送到默认路由器
else  指出路由选择错误
```

图5-13　IP路由选择算法

特定主机是指某一台特定的主机，它的IP地址直接存放在路由表中。默认路由是在路由表中没有找到明确路由时允许使用的路由。

下一个问题是，路由表是怎样建立和维护的。目前，路由表的生成和路由算法有关。一种算法是静态路由算法，事先由人工计算本节点到各目的节点的最佳路径，并据此建立静态路由表。静态路由算法简单直观，但不能自动适应网络结构的变化，因此只适合于网络结构不太复杂、变化不大的网络。如果网络结构变化，如添加或删除网络，则必须经手工修改路由表。另一种常用的路由算法是动态路由算法。这种算法中，网络中的路由器能够相互自动交换路由信息，并对路由信息进行动态分析和计算，以此生成和刷新路由表，这样形成的路由表称为动态路由表。互联网中在结构复杂且变化较多的环境下，常使用动态路由算法，尽管它需要更复杂的软件和大量的数据交换。

在使用子网划分的网络中，路由表和路由选择算法都需要稍作调整。路由表中需要包含子网掩码，在计算目的子网的网络地址时，需将子网掩码同目的IP地址进行逻辑"与"操作。

5.5 TCP和UDP

在TCP/IP协议族中，传输层运行两个协议：传输控制协议（TCP）和用户数据报协议（UDP）。它们均利用IP层提供的服务，也就是说，TCP和UDP的协议数据单元都要经过IP封装成IP数据报来传送。TCP提供端到端的可靠的、面向连接的服务，UDP提供端到端的不可靠的、无连接的服务。

5.5.1 端口

首先介绍传输层"端口"（Port）的概念。TCP和UDP都使用端口进行寻址。它们分别拥有自己的端口号，这些端口号可以共存一台主机而互不干扰。在多任务环境中，每个端口对应于主机上的一个进程。每个端口占用16位，取值范围0～255。表5-2和表5-3列出了一些最常用的TCP和UDP端口。用户在利用TCP或UDP编写自己的应用程序时，应避免使用这些端口号。

表5-2　常见的TCP端口

TCP端口号	关　键　字	描　　述
21	FTP	文件传输协议
23	TELENET	远程登录协议
25	SMTP	简单邮件传输协议
53	DOMAIN	域名服务器
80	HTTP	超文本传输协议
110	POP3	邮局协议

表5-3　常见的UDP端口

UDP端口号	关　键　字	描　　述
53	DOMAIN	域名服务器
69	TFTP	简单文件传输协议
161	SNMP	简单网络管理协议

5.5.2　TCP

前面讲过，IP提供的是不可靠的数据报服务，数据报在传输过程中可能出现差错、丢失、顺序错乱等现象，而TCP必须为上层进程提供可靠的数据传输服务。为此，TCP需要对IP层进行"弥补"和"加强"，以提供一个可靠的（包括传输数据不重复、不丢失、顺序正确），面向连接的、全双工的数据流传输服务。

TCP主要功能如下。

1．建立和释放连接

TCP允许在不同主机上的两个进程之间建立连接，实现全双工数据传输，传输结束后释放连接。为了确保成功、正确地连接和释放，TCP在连接时采用"三次握手"，释放时采用"文雅释放"技术。

2．基本数据传输

TCP将上层数据看成字节流，为了传输方便，字节流被分成若干段，每段是一个传输层的协议数据单元。每个段被封装在IP数据报中传输。

3．可靠性控制

TCP通过连接提供确认、滑动窗口、超时重传、流量控制等技术来保证数据传输的可靠性。

4．多路复用

能为多个进程提供并行传输连接。

传输层协议之上的应用层协议中，远程登录协议（TELNET）、电子邮件协议（SMTP）、文件传输协议（FTP）等使用面向连接的TCP。

5.5.3　UDP

用户数据报协议（UDP）是传输层经常使用的另一个协议。与TCP不同，UDP是面向无连接的，不使用流量控制和差错控制。UDP仅提供数据报的发送和接收，传输过程中可能出现的数据报丢失、重复和顺序错乱，均由上层的应用程序负责解决。因此，UDP提供的是不可靠的传输服务。

UDP比TCP简单得多，因此开销小、效率高。应用层中的简单网络管理协议（SNMP）、简单文件传输协议（TFTP）等使用UDP。

5.6 域名系统

采用点分十进制表示的IP地址不便于记忆，也不能反映主机的相关信息，于是互联网中采用了层次结构的域名系统（Domain Name System，DNS）来协助管理IP地址。

5.6.1 域名的层次结构

互联网域名具有层次型结构，整个互联网被划分成几个顶级域，每个顶级域规定了一个通用的顶级域名，见表5-4。顶级域名采用两种划分模式：组织模式和地理模式。地理模式的顶级域名采用两个字母缩写形式来表示一个国家或地区。例如，cn代表中国，jp代表日本，uk代表英国，ca代表加拿大。

表5-4 互联网顶级域名分配

顶 级 域 名	域 名 类 型
com	商业组织
edu	教育机构
gov	政府部门
int	国际组织
mil	军事部门
net	网络支持中心
org	各种非营利性组织
国家或地区代码	各个国家或地区

网络信息中心（NIC）将顶级域名的管理授权给指定的管理机构，由各管理机构再为其子域分配二级域名，并将二级域名管理授权给下一级管理机构，依次类推，构成一个域名的层次结构。由于管理机构是逐级授权的，因此各级域名最终都得到网络信息中心NIC的承认。

互联网中主机域名也采用一种层次结构，从右至左依次为顶级域名、二级域名、三级域名等，各级域名之间用点"．"隔开。每一级域名由英文字母、符号和数字构成。总长度不能超过254个字符。主机域名的一般格式为：

……．四级域名．三级域名．二级域名．顶级域名

例如，北京大学的WWW网站域名为www.pku.edu.cn，其中cn代表中国（China），edu代表教育（Education），pku代表北京大学（Peking University），WWW代表提供WWW信息查询服务。

域名已经成为接入互联网的单位在互联网上的名称。人们通过域名来查找相关单位的网络地址。由于域名的设计往往和单位、组织的名称有联系，所以和IP地址比较起来，记忆和使用都要方便得多。

5.6.2 我国的域名结构

我国的顶级域名cn域名由中国互联网信息中心（CNNIC）负责管理。顶级域名cn按照组织模式和地理模式被划分为多个二级域名。对应于组织模式的包括ac、com、edu、gov、net、org，对应于地理模式的是行政区代码。表5-5列举了我国二级域名的分配情况。

表5-5　我国二级域名分配

划 分 模 式	二 级 域 名	分 配 情 况
组织模式	ac	科研机构
	com	商业组织
	edu	教育机构
	gov	政府部门
	net	网络支持中心
	org	各种非营利性组织
地理模式	bj	北京市
	sh	上海市
	tj	天津市
	cq	重庆市
	he	河北省
	sx	山西省
	nm	内蒙古自治区
	ln	辽宁省
	jl	吉林省
	hl	黑龙江省
	js	江苏省
	zj	浙江省
	ah	安徽省
	fj	福建省
	jx	江西省
	sd	山东省
	ha	河南省
	hb	湖北省
	hn	湖南省
	gd	广东省
	gx	广西壮族自治区
	hi	海南省
	sc	四川省
	gz	贵州省
	yn	云南省
	xz	西藏自治区
	sn	陕西省
	gs	甘肃省
	qh	青海省
	nx	宁夏回族自治区
	xj	新疆维吾尔自治区
	tw	台湾省
	hk	香港特别行政区
	mo	澳门特别行政区

中国互联网信息中心（CNNIC）将二级域名的管理权授予下一级的管理部门进行管理。例如，将二级域名edu的管理授权给CERNET网络中心。CERNET网络中心又将edu域划分成多个三级域名，各大学和教育机构均注册为三级域名，如swufe代表西南财经大学。西南财经大学网络中心可以继续对三级域名swufe按学校管理需要分成多个四级域名，并对四级域名进行分配，如cs表示信息学院、WWW表示一台服务器等。

5.6.3 域名解析和域名服务器

域名相对于主机的IP地址来说，更方便于用户记忆，但在数据传输时，互联网上的网络互联设备却只能识别IP地址，而不能识别域名。因此，当用户输入域名时，必须要能够根据主机域名找到与其相对应的IP地址，即将主机域名映射成IP地址，这个过程称为域名解析。

为了实现域名解析，需要借助于一组既独立又协作的域名服务器（DNS）。域名服务器是一个安装有域名解析处理软件的主机，在互联网中拥有自己的IP地址。互联网中存在着大量的域名服务器，每台域名服务器中都设置了一个数据库，其中保存着它所负责区域内的主机域名和主机IP地址的对照表。由于域名结构是有层次性的，域名服务器也构成一定的层次结构。

5.7 互联网接入

5.7.1 互联网服务提供者ISP

互联网服务提供者（Internet Service Provider，ISP）能为用户提供互联网接入服务，它是用户接入互联网的入口点。另一方面，ISP还能为用户提供多种信息服务，如电子邮件服务、信息发布代理服务等。

ISP和互联网相连，它位于互联网的边缘，用户借助ISP便可以接入互联网。目前，各个国家和地区都有自己的ISP。我国的四大互联网运营机构CHINANET、CERNET、CSTNET、GBNET在全国的大中型城市都设立了ISP。例如，CHINANET的"163"服务，CERNET对各大专院校及科研单位的服务等。除此之外，还有许多由四大互联网延伸出来的ISP。

从用户角度来看，只要在ISP成功申请到账号，便可成为合法的用户而使用互联网资源。用户的计算机必须通过某种通信线路连接到ISP，再借助于ISP接入互联网。用户计算机通过ISP接入互联网的示意图如图5-14所示。

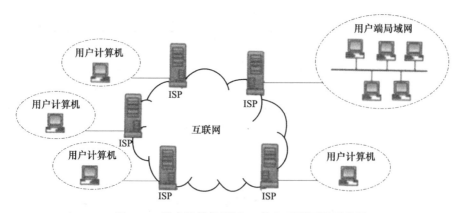

图5-14 用户计算机通过ISP接入互联网的示意图

计算机 网络基础

用户计算机和ISP的通信线路可以是电话线、高速数据通信线路、本地局域网等。下面就目前常用的接入技术加以简单介绍。

5.7.2 互联网接入技术

1. 电话拨号接入

电话拨号入网是通过电话网络接入互联网。这种方式下用户计算机通过调制解调器和电话网相连。调制解调器负责将主机输出的数字信号转换成模拟信号，以适应于电话线路传输；同时，也负责将从电话线路上接收的模拟信号，转换成主机可以处理的数字信号。常用的调制解调器的速率是28.8kbit/s和33.6kbit/s，也有的达到56kbit/s。

电话拨号方式下，通过点对点的协议PPP上网是常见的方法。用户通过拨号和ISP主机建立连接后，就可以访问互联网上的资源。

2. XDSL接入

DSL是数字用户线（Digital Subscriber Line，DSL）的缩写。XDSL技术是基于铜缆的数字用户线路接入技术。字母X表示DSL的前缀可以是多种不同的字母。XDSL利用电话网或CATV的用户环路。经XDSL技术调制的数据信号叠加在原有话音或视频线路上传送，由电信局和用户端的分离器进行合成和分解。

非对称数串用户线（ADSL）是目前广泛使用的一种接入方式。ADSL可在无中继的用户环路网上，通过使用标准铜芯电话线—— 一对双绞线，采用频分多路复用技术实现单向高速、交互式中速的数字传输以及普通的电话业务。其下行（从ISP到用户计算机）速率可高达8Mbit/s，上行（从用户计算机到ISP）速率可达640kbit/s～1Mbit/s，传输距离可达3～5km。

ASDL接入充分利用现有的大量的市话用户电缆资源，可同时提供传统业务和各种宽带数据业务，两类业务互不干扰。用户接入方便，仅需要安装一台ASDL调制解调器即可。

3. DDN专线接入

公用数字数据网（DDN）典型专线可支持各种不同速率，满足数据、音频和图像等多种业务的需要。DDN专线连接方式通信效率高，误码率低，但价格也相对昂贵，比较适合大业务量的用户使用。使用这种连接方式时，用户需要向电信部门申请一条DDN数字专线，并安装支持TCP/IP的路由器和数字调制解调器。

4. ISDN接入

综合业务数字网（ISDN）是利用普通电话线实现双向传输数字信号，提供数据、音频和图像等多种信息传输服务。ISDN向家庭或小型单位提供的基本速率可达128kbit/s。用户计算机接入互联网时，需要一块ISDN网卡或一台ISDN数字式Modem。如果是局域网接入，则需要安装配有ISDN接口的路由器。

5. 无线接入

无线接入技术是指接入网的某一部分或全部使用无线传输媒介，提供固定和移动接入服务的技术。它具有不需要布线、可移动等方面的优点，是目前一种很有潜力的接入互联网的方法。下面是两种常见的无线接入技术。

1）无线本地技术接入，即利用现有的蜂窝电话技术，如数字蜂窝技术可提供13kbit/s语音服务和9.6kbit/s数据服务。

2）宽带无线接入，即采用基于无线电波，数据传输率可达155Mbit/s的宽带接入系统，如MMDS（无线电缆）。

本章小结

通过学习网络互联层次和网络互联设备，掌握中继器、网桥、路由器的工作原理。学习互联网的层次结构和互联网服务，如WWW服务、电子邮件服务、文件传输服务等。通过对TCP/IP协议簇中两个最主要协议TCP和IP的学习，掌握IP服务、IP地址、子网掩码、IP数据报路由、TCP和UDP端口的概念，以及域名系统的结构、域名解析和互联网接入技术。

习题

一、单项选择题

1）当源主机通过互联网给目的主机发送数据时，_____。

    A. 数据经过互联网通信线路直接传送

    B. 数据经过一个或多个服务器转发

    C. 数据经过一个或多个路由器转发

    D. 一个网络和另一个网络之间必须有网桥或网关相连接

2）IP数据报中设置标识符、标志和片偏移三个字段的作用是_____。

    A. 记录数据报的名称，便于目的主机识别该数据报

    B. 记录数据报传输过程中出现的片偏移错误

    C. 对数据报的分片和重组进行控制

    D. 对传输过程中下一个路由器的选择进行定位

3）在IP数据报头中，包括"地址"字段，该"地址"字段中包括_____。

    A. 源IP地址

    B. 目的IP地址

    C. 源IP地址和目的IP地址

    D. 源IP地址、目的IP地址和相应的MAC地址

4）路由器对接收到的数据报进行路由选择，对于结构复杂且经常变化的网络，路由器上应该使用_____。

    A. 手工路由表   B. 静态路由表   C. 动态路由表   D. 以上均可

5）下列互联网中有关路由表的叙述中，正确的是_____。

    A. 路由表指明了从源网络到目的网络的完整路径

    B. 路由表仅指明了到目的网络路径上的下一个路由器地址

    C. 路由表中包含源主机和目的主机的地址

    D. 路由表的路径信息必须由人工填写

6）TCP和UDP提供了"端口号"，其作用是_____。

    A. 标明特定主机的标识

    B. 标明特定的进程

    C. 便于路由选择时能提高算法效率

    D. 指明本主机只能为一个进程提供服务

7）使用Telnet成功登录到一台远程计算机后，用户计算机_____。

    A. 起着一个服务器或客户端的作用

    B. 承担分布式计算环境中的一部分计算任务

    C. 是该远程计算机的一个仿真终端

    D. 不再起任何作用

8）互联网中，下列有关FTP服务的论述中，正确的是_____。

    A. 文件只能从服务器下载到客户主端上

    B. 登录FTP服务器时必须要求用户给出专用的账号和密码

    C. 采用典型的客户端／服务器工作模式

    D. FTP服务器只对特定用户提供匿名FTP服务

9）超文本技术链接文本信息时是_____。

    A. 按顺序组织的   B. 没有固定次序的

    C. 按树形结构组织的   D. 按表格方式组织的

10）超文本传输协议（HTTP）是_____上的传输协议。

    A. 数据链路层   B. 网络层   C. 传输层   D. 应用层

11）搜索引擎的主要功能是_____。

    A. 用户在数百万计的网站中快速查找自己需要的网站

    B. 在网络通信中提高数据传输率

    C. 为网络中的路由器优化路由算法以提高效率

    D. 为一个网站更好地管理自己的网页提供高效率的服务

12）用户通过电话线路接入互联网时，除了需要一台计算机和一条电话线以外，硬件方面还必须配置一个_____。

    A. 电话机   B. 调制解调器   C. 稳压电源   D. 网络接口卡

二、多项选择题

1）下列IP地址中，正确的IP地址是_____。

    A. 202.256.10.21   B. 203.2.11.32   C. 202.10.15.15   D. 202.2.2.2

2）下列IP地址中，属于B类地址的是_____。

    A. 126.1.10.2   B. 128.2.10.2   C. 130.1.10.2   D. 223.5.20.1

3）目前常用的FTP客户端应用程序有_____。

    A. 操作系统中的FTP命令行   B. 访问WWW服务的浏览器

    C. FTP下载工具   D. 电子邮件程序

4）使用统一资源定位器URL可以访问_____服务器。

    A. WWW   B. FTP   C. Telnet   D. Gopher

5）IP协议族包括_____。

    A. ARP、RARP   B. ICMP、IP   C. TCP、UDP   D. SNMP、POP

6）TCP/IP应用层对应于OSI协议中_____的功能。

    A. 应用层   B. 表示层   C. 会话层   D. 传输层

三、判断题

1）IP协议族中的ARP将IP地址映射为MAC地址。   (   )

2）互联网连接的主机都必须遵守TCP。   (   )

3）互联网中采用IP地址来标识一个主机，IP地址由网络号和主机号两部分组成。

    (   )

4）IP地址可以分为A、B、C、D、E共5类。其中C类地址主机号占用3字节。(   )

5）子网屏蔽码由32位二进制数组成，对应于主机号部用1表示。   (   )

6）互联网中主机域名需要转换成IP地址，这个过程称之为域名解析。   (   )

四、思考题

1）简述网络互联的几个层次。

2）互联网能提供哪些主要的服务？

3）TCP/IP协议族中最主要的两个协议是什么？

4）为什么多数应用层协议需要TCP提供的服务？

5）为什么IP地址中要引入子网掩码技术？

6）简述互联网域名的层次结构。

7）主要的互联网接入技术有哪几种？

第6章 网络安全技术

学习目标

1) 了解各种网络安全标准、网络管理模式和一些基本概念（信息安全、网络管理的概念）。

2) 理解信息安全的目标和标准，网络管理的任务。

3) 掌握实现网络安全的各种安全策略、安全技术（防火墙技术、对称密码体制和公钥密码体制，以及利用密码技术而实施的认证技术），以及进行网络管理的方法。

6.1 信息安全

目前，互联网已遍及全球。在互联网上，除了传统的网页浏览、电子邮件、新闻论坛等文本信息的交流与传播以及文件传输之外，IP电话、网络传真、视频传输等通信技术都在不断地发展完善并逐步投入使用。在信息化社会中，网络信息通信正在政治、军事、金融、商业、交通、电信、教育甚至个人生活等各个方面发挥越来越强大的作用。社会对网络信息系统的依赖也日益增强。正是这样，各种实用的网络信息系统，使得各种信息（包括秘密信息）高度集中于计算机中，并且在计算机网络中实现这些信息的交换和通信。例如，电子商务，在交易过程中的订货和付款环节，分别要保证订货的不可抵赖性和保证付款，这就要求客户的账号和密码信息的安全传输。

随着网络的开放性、共享性、互联程度的扩大，特别是互联网的出现，网络的重要性和对社会的影响也越来越大。随着网络上各种新业务的兴起，比如电子商务、电子现金、数字货币、网络银行等，以及各种专用网的建设，如金融网等，使得网络与信息系统的安全与保密问题显得越来越重要，成了关键之所在。信息技术与信息产业已成为当今世界经济与社会发展的主要驱动力。以网络方式获得信息和交流信息已成为现代信息社会的一个重要特征。网络正在逐步改变人们的工作方式和生活方式，成为当今社会发展的一个主题，要维持这个信息社会的安定，网络信息的安全是关键。然而，伴随着信息产业发展而产生的互联网和网络信息的安全问题，也已成为各国政府有关部门、各大行业和企事业关注的热点问题。目前，全世界每年由于信息系统的脆弱性而导致的经济损失逐年上升，安全问题日益严重。面对这种现实，各国政府有关部门和企业不得不重视网络安全的问题。那么什么样的网络才算是安全的网络，怎样进行通信才能保证信息的安全？

6.1.1 信息安全的标准和目标

信息是否安全可以用五个标准进行衡量：完整性、可用性、保密性、可控性与可审查性。这些标准同时也是人们进行网络实施和管理时需要达到的目标。

（1）信息的完整性　确保信息不暴露给未授权的用户或进程，即不能非法获取或修改信息的原始数据，它是保证信息可靠性的基础。

（2）信息的可用性　得到授权合法用户或进程，只要需要就可以随时访问相应的授权信息数据（即使存在攻击者，攻击者不能占用所有的资源而阻碍授权者的工作）。

（3）信息的保密性　只有得到允许的人才能修改数据，并能拒绝非法访问。

（4）信息的可控性　对授权范围内的信息可以对其流向及行为方式进行控制。

（5）信息的可审查性　能对出现的网络安全问题提供调查的依据和手段。

6.1.2　计算机系统的安全等级

上面介绍的5个网络信息安全标准是很模糊的，还不能用于评估网络或者计算机信息的安全性。那么，网络用户怎样才能知道自己的网络或者计算机系统安全性是否足够和适当？为了帮助用户区分和解决计算机网络安全问题，全球的几大组织各自制定了一套安全评估准则。其中一些重要的安全评估准则如下：

- 美国国防部（DOD）的可信计算机系统评估准则（TCSEC）。
- 加拿大的评价标准（CTCPEC）。
- 美国联邦标准（FC）。
- 欧洲共同体的信息技术安全评测准则（ITSEC）。
- 国际通用准则（CC）。
- 国际标准ISO 15408。

其发展历程如图6-1所示。

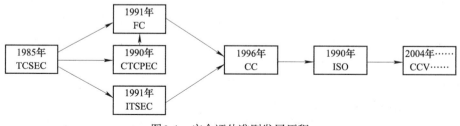

图6-1　安全评估准则发展历程

1. 美国国防部安全准则（TCSEC）

在各种计算机系统安全的标准中，最具影响的当属美国国防部的"可信计算机系统评估准则"（Trust Computer System Evaluation Criteria，TCSEC），即"DOD5200.28 STD"标准。实际上，人们都把TCSEC叫作Orange Book（《橙皮书》），是因其最初的橙色封面而得名。该准则是针对一般的计算机系统而言的，但用于计算机网络针对性不强，实施起来还不够具体。我国于1998年7月颁布了"军用计算机网络安全评估准则"。

TCSEC定义了4个主要等级的安全：

D——标为"最低保护"（Minimal Protection），如未加任何实际的安全措施。很多台式计算机和服务器操作系统（OS）都归入这一类。

C——标为"自主型保护"（Discretionary Access Policy Enforced）。C级系统允许用户（及OS）对属于他们的资源进行保护。

B——标为“强制保护”（Mandatory Access Policy Enforced）。B级系统可强行实施强制的访问控制，并可在同一机器上处理不同的分类信息。

A——标为“验证保护”（Formally Proven Security）。A级系统在任何代码写入时，都要对其进行安全设计检查。并且，是否指定为A级，有赖于正式的严格试验，看其安全性是否完全正确。

在每一个等级中，又有很多分支（如D、C1、C2、B1、B2、B3等）。这些标准能够被用来衡量计算机平台（如操作系统及其基于的硬件）的安全性。如标准的UNIX（只有login密码、文件保护等安全措施）被定为C1级。安全组织认为，从一个通用的商业OS中得到C2级安全已经足够好了；还有一些更高等级的系统，大多是用于非常专业的环境中，目前很少有操作系统能够符合B级标准。TCSEC准则划分的各个安全等级见表6-1。

表6-1 TCSEC准则划分的各个安全等级

类 别	名 称	主 要 特 征
A1	可验证安全设计	形式化的最高级描述和验证，形式化的隐秘通道分析，非形式化的代码一致性证明
B3	安全域机制	安全内核，高抗渗透能力
B2	结构化安全保护	设计系统时必须有一个合理的总体设计方案，面向安全的体系结构，遵循最小授权原则，较好的抗渗透能力，访问控制应对所有的主体和客体进行保护，对系统进行隐蔽通道分析
B1	标记安全保护	除了C2级的安全要求外，增加安全策略模型，数据标号（安全和属性），托管访问控制
C2	受控的访问控制	存取控制以用户为单位，广泛的审计
C1	选择的安全保护	有选择的存取控制，用户与数据分离，数据的保护以用户组为单位
D1	最小的保护	保护措施很小，没有安全功能

从D～A1，对安全的要求逐渐变得越来越苛刻，安全处理所需费用也相应提高。当然，从另一个角度来讲，能够得到的安全保障也越来越高。

下面简述各个等级的特点。

（1）D1级——最小保护 该等级只有一个级别，它适合于已被评估但无法达到其余评估级别的系统。因此，该等级的计算机系统是没有任何安全保障的。这是计算机安全的最低一级，整个计算机系统是不可信任的，操作系统和硬件都很容易被攻击；这个等级的计算机系统对用户没有身份认证。所以，任何人都可以直接使用该计算机系统而不会有任何阻碍。

常见的D1级的计算机操作系统如DoS。

（2）C级——自主保护 该等级应提供自主保护功能、审计功能、主体责任及主体初始化的功能。C级有两个安全子级别：C1和C2。

（3）C1级——自主安全保护 这一级网络的网络可信计算基（Network Trusted Computer Base，NTCB）即网络系统中保护机制的总和，包括硬件、固件和软件，它们一起负责完成安全策略，通过分离用户与数据以达到自主安全要求。它将各种控制能力组合成一体，每一个实体独立地实施访问限制的控制能力。即在C1级环境下，用户可以保护私有的或工程上的数据不受其他用户偶然读取的影响与破坏，但不足以保护系统中的敏感信息。

C1级系统称为选择性或自主型安全防护系统，要求硬件有一定的安全保护（如硬件有带锁装置，需要钥匙才能使用计算机），用户使用计算机系统前要登录，系统管理员可以为一些程序和数据设立访问许可权限，UNIX系统的安全级别是典型的符合C1级安全标准的。这种级别的系统对硬件有某种程度的保护，但硬件受到损害的可能性仍然存在。用户拥有注册账号和密码，系统通过账号和密码来识别用户是否合法，并决定用户对程序和信息拥有什么样的访问权。

这种访问权是针对文件和对象的。只有文件的拥有者和超级用户（Root）才可以更改文件的访问属性（即访问权）。它们可以对不同的用户给予不同的访问权（如文件拥有者具有读、写和执行的权限；同组用户拥有读和执行的权限，而无法通过写权限来修改文件，而其他用户只具有读的权限）。另外，在日常的管理中很多工作是由超级用户来完成的（如账号管理，创建新的组和新的用户；删除用户和组等）。超级用户在整个系统中权限是最大的，所以此账号密码必须妥善保存，最好不要几个人共享。

C1级防护的不足之处在于用户直接访问操作系统的根，不能控制进入系统的用户的访问级别。一旦攻击者获得了合法用户的系统认证信息，就可以以授权用户的身份进入系统，并可以将系统中的数据任意移走，他们可以控制系统配置，获取比系统管理员允许的更高权限，如改变和控制用户名。

（4）C2级——可控访问保护　除了C1包含的特征外，C2级别还包含有访问控制环境。该环境具有进一步限制用户执行某些命令或访问某些文件的权限，而且还加入了身份验证级别。另外，系统对发生的事件加以审计，并写入日志当中，如什么时候开机，哪个用户在什么时候从哪儿登录等，这样通过查看日志，就可以发现入侵的痕迹，如多次登录失败，也可以大致推测出可能有人想强行闯入系统。审计可以记录下系统管理员执行的活动，审计还加有身份验证，这样就可以知道谁在执行这些命令。审计的缺点在于它需要额外的处理器时间和磁盘资源。

使用附加身份认证就可以让一个C2系统用户在不是根用户的情况下有权执行系统管理任务。授权分级使系统管理员能够给用户分组，授予他们访问某些程序的权限或访问分级目录。另一方面，用户权限可以以个人为单位授权用户对某一程序所在目录进行访问。如果其他程序和数据也在同一目录下，那么用户也将自动得到访问这些信息的权限。

能够达到C2级的常见操作系统有：

1）UNIX系统。

2）Linux。

3）XENIX。

4）Novell3.x或更高版本。

5）Windows NT 4和Windows 2000。

（5）B级——强制保护　B级的主要要求是NTCB保护敏感标号的完整性，并使用它们去实施一组强制性访问控制规则。此等级的安全特点在于由系统强制的安全保护。在强制式保护模式中，每个系统对象（如文件、目录等资源）及主题（如系统管理员、用户、应用程序）都有自己的安全标号（Security Label），系统即依据用户的安全等级赋予他对各对象的访问权限。网络系统必须将敏感标号与系统主要数据结构一起传送，系统负责人还需要提供安全策略模型和一份NTCB的安全说明。B级中有三个子级别：B1级、B2级和B3级。

1）B1级——标号安全防护（Label Security Protection）。B1级的网络系统要求具有C2级的全部的特征。另外，必须提出安全策略模型的非形式化的描述、数据标号和命名主体对客体的强制性访问控制。必须排除经测试而出现的任何缺陷。B1级是第一种需要大量访问控制支持的级别，它是支持多级安全（比如秘密和绝密）的第一个级别，这个级别说明一个处于强制性访问控制之下的对象，系统不允许文件的拥有者改变其许可权限。

标记指网上的一个对象在安全防护计划中是可识别且受保护的。多级是指这一安全防护安装在不同级别（网络、应用程序和工作站等），对敏感信息提供更高级的保护。

系统必须对主要数据结构加载敏感度标签。系统必须给出有关安全策略模型、数据标签和大量主体客体之间的出入控制的非形式陈述。系统必须具备精确标识输出信息的能力。

安全级别中包括保密和绝密级别，如国防部和国家安全局系统。在这一级，对象（如磁盘和文件服务器目录）必须在访问控制下，不允许拥有者修改他们的权限。

拥有B1级安全措施的计算机系统，随操作系统而定。政府机构和国防系统承包商们是B1级计算机系统的主要拥有者。

2）B2级——结构化保护（Structured Protection）。要求计算机系统中所有的对象都加标签，而且给设备（磁盘、磁带和终端）分配单个或多个安全级别。这是提出较高安全级别的对象与另一个较低安全级别的对象相通信的第一个级别。如用户可以访问一台工作站，但可能不允许访问存储着公司合同的磁盘子系统。

B2级网络系统的NTCB应基于清晰定义和用文档表示的形式化安全策略模型，该模型要求在B1级网络中所有的自主和强制性访问控制延伸至网络中的所有主体和客体。另外，还应具备隐蔽信道。必须精心构造NTCB，使之成为严格和不严格保护的两部分单元。应良好定义NTCB接口，而且其设计与实现可使它经受更完备的测试与更完整的浏览。在B2级，加强了鉴别机制，以系统管理员和操作员功能的支持形式提供了可信设备管理，提出了加强严格的配置管理控制。系统对于入侵有一定的抵抗力。

B2级系统的关键在于硬件和软件部件必须建立在一个形式的安全策略模型上。在B1级系统中所采用的自主式和强制性访问控制被扩展到B2级系统中的所有客体和主体。B2级系统需要有特殊的系统管理员和操作员功能，以及严格的配置管理控制能力。

3）B3级——安全域（Security Domain），或称为安全区域保护。要求用户工作站或终端通过可信任途径连接到网络系统，它使用安装硬件的方式来加强安全区域保护。例如，内存管理硬件用于保护安全区域免遭无授权访问或其他安全区域对象的修改。

B3级系统的关键是安全部件必须理解所有客体到主体的访问，必须是防窜扰的；而且必须足够小，以便于分析和测试。因此，在NTCB设计与实践中要用有效的系统工程方法，使NTCB的结构复杂性达到最小，支持安全管理员，把审计机制扩展到有关安全信号事件，并且需要提供系统恢复过程。该系统应高度反入侵。

（6）A1级——验证保护　A1级又称可验证的保护（Verified Protection），是当前的最高级别，包括了一个严格的设计、控制和验证过程。与前面提到的各级别一样，这一级别包含了较低级别的所有特性，并且A1级还附加一个安全系统受监视的设计要求，合格的安全个体必须分析并通过这一设计，设计必须是从数学角度上经过验证的，而且必须进行秘密通道和可信任分布的分析。这里，可信任分布的含义是，硬件和软件在物理传输过程中已经受到保护，以防止破坏安全系统。在A1级，所有构成系统部件的来源必须有安全保证，以此保障系统的完善与安全，安全措施还必须担保在销售过程中，系统部件不受损害。例如，在A1级设置中，一个磁带驱动器从生产厂房直至销售到计算机房都被严密跟踪。

在上述七个级别中，B1级和B2级的级差最大，因为只有B2、B3和A1级，才是真正安全的等级，它们至少经得起程度不同的严格测试和攻击。目前，在我国普遍应用的计算机，其操作系统大都是引进国外的属于C1级和C2级产品。

2. 加拿大的评价标准（CTCPEC）

CTCPEC专门针对政府需求而设计。与ITSEC类似，该标准将安全分为功能性需求和保证性需要两部分。功能性需求共划分为4大类：机密性、完整性、可用性和可控性。每种安全需求又可以分成很多小类来表示安全性上的差别，分级条数为0～5级。

3. 美国联邦准则（FC）

该标准参照了加拿大CTCPEC准则及TCSEC，其目的是提供TCSEC的升级版本，同时保护已有投资，但FC有很多缺陷，是一个过渡标准，后来结合ITSEC发展为联合公共准则。

4. 欧洲的《信息技术安全评估准则》（ITSEC）

ITSEC是欧洲多国安全评价方法的综合产物，由英国、德国和法国共同组成的欧洲委员会统一了它们的信息技术安全评估准则（Information Technology Security Evaluation Criteria，ITSEC）；应用领域为军队、政府和商业。

在ITSEC中，一个基本观点是，应当分别衡量安全的功能和安全的保证，而不应像TCSEC那样混合考虑安全的功能和安全的保证。因此，ITSEC对每个系统赋予两种等级："F"（functionality）即安全功能等级，"E"（European assurance）即安全保证等级。

功能准则从F1～F10共分10级。1～5级对应于TCSEC的D～A。F6～F10级分别对应数据和程序的完整性、系统的可用性、数据通信的完整性、数据通信的保密性以及机密性和完整性的网络安全。

这样，一个系统可能有较高等级所需的安全功能（F7），但由于某些功能不能保证到最高等级，从而使该系统的安全保证等级较低（E4），此系统的安全等级将是F7/E4。

评估准则分为7级，分别是测试、配置控制和可控的分配、能访问详细设计和源代码、详细的脆弱性分析、设计与源码明显对应以及设计与源代码在形式上一致。

1）E0级：该级别表示不充分的保证。

2）E1级：该级别必须有一个安全目标和一个对产品或系统的体系结构设计的非形式描述。功能测试用于表明安全目标是否达到。

3）E2级：除了E1级的要求外，还必须对详细的设计有非形式的描述。功能测试的证据必须被评估。必须有配置控制系统和认可的分配过程。

4）E3级：除了E2级的要求外，要评估与安全机制相对应的源代码和（或）硬件设计图。还要评估测试这些机制的证据。

5）E4级：除了E3级的要求外，必须有支持安全目标的安全策略的基本形式模型。用半形式的格式说明安全加强功能、体系结构和详细的设计。

6）E5级：除了E4级的要求外，在详细的设计、源代码和（或）硬件设计图之间有紧密的对应关系。

7）E6级：除了E5级的要求外，必须正式说明安全加强功能和体系结构设计，使其与安全策略的基本形式模型一致。

在ITSEC中，另一个观点是，被评估的应是整个系统（硬件、操作系统、数据库管理系统、应用软件）而不只是计算平台。因为一个系统的安全等级可能比其每个组成部分的安全等级都高（或低）。另外，某个等级所需的总体安全功能可能分布在系统的不同组成中，而不是所有组成都要重复这些安全功能。

5. 国际通用准则（CC）

CC是国际标准化组织统一现有多种准则的结果，是目前最全面的评价准则。1996年6月，CC第一版本发布。1998年5月，CC第二版本发布。1999年10月CC V2.1版本发布，并且成为ISO 15408标准。CC的主要思想和框架都取自ITSEC和FC，并充分突出了"保护轮廓"概念。CC将评估过程划分为功能和保证两部分，评估等级分为EAL1、EAL2、EAL3、EAL4、EAL5、EAL6和EAL7共7个等级。每一级均需评估7个功能类，分别是配置管理、分发和操作、开发过程、指导文献、生命期的技术支持、测试和脆弱性评估。

（1）15408（CC）的先进性　　CC的先进性体现在其结构的开放性、表达方式的通用性，以及结构和表达方式的内在完备性和实用性4个方面。

CC在结构上具有开放性的特点，即功能和保证要求都可以在具体的"保护轮廓"和"安全目标"中进一步细化和扩展，如可以增加"备份和恢复"方面的功能要求或一些环境安全要求。这种开放式的结构更适应信息技术和信息安全技术的发展。

CC除了提出科学的结构以外，还具有通用性的特点，即给出通用的表达方式。如果用户、开发者、评估者、认可者等目标读者都使用CC的语言，互相之间就更容易理解沟通。例如，用户使用CC的语言表述自己的安全需求，开发者就可以更具针对性地描述产品和系统的安全性，评估者也更容易有效地进行客观评估，并确保评估结果对用户而言更容易理解。这种特点对规范实用方案的编写和安全性测试评估都具有重要意义。这种特点也是在经济全球化发展、全球信息化发展的趋势下，进行合格评定和评估结果国际互认的需要。

CC的这种结构和表达方式具有内在完备性和实用性的特点，具体体现在"保护轮廓"和"安全目标"的编制上。"保护轮廓"主要用于表达一类产品或系统的用户需求，在标准化体系中可以作为安全技术类标准对待。其内容主要包括对该类产品或系统的界定性描述，即确定需要保护的对象；确定安全环境，即指明安全问题——需要保护的资产、已知的威胁、用户的组织安全策略；产品或系统的安全目的，即对安全问题的相应对策——技术性和非技术性措施；信息技术安全要求，包括功能要求、保证要求和环境安全要求，这些要求通过满足安全目的，进一步提出具体在技术上如何解决安全问题；基本原理，指明安全要求对安全目的、安全目的对安全环境是充分且必要的；附加的补充说明信息。"保护轮廓"编制，一方面解决了技术与真实客观需求之间的内在完备性；另一方面用户通过分析所需要的产品和系统面临的安全问题，明确所需的安全策略，进而确定应采取的安全措施，包括技术和管理上的措施，这样就有助于提高安全保护的针对性和有效性。"安全目标"在"保护轮廓"的基础上，通过将安全要求进一步针对性具体化，解决了要求的具体实现。常见的实用方案就可以当成"安全目标"对待。通过"保护轮廓"和"安全目标"

这两种结构，就便于将CC的安全性要求具体应用到IT产品的开发、生产、测试、评估和信息系统的集成、运行、评估、管理中。

（2）15408（CC）的三个部分

1）简介和一般模型——正文介绍了CC中的有关术语、基本概念和一般模型，以及与评估有关的一些框架，附录部分主要介绍"保护轮廓"和"安全目标"的基本内容。

2）安全功能要求——按"类—子类—组件"的方式提出安全功能要求，每一个类除正文以外，还有对应的提示性附录作进一步解释。

3）安全保证要求——定义了评估保证级别，介绍了"保护轮廓"和"安全目标"的评估，并按"类—子类—组件"的方式提出安全保证要求。

CC的三个部分相互依存，缺一不可。其中第一部分是介绍CC的基本概念和基本原理，第二部分提出了技术要求，第三部分提出了非技术要求和对开发过程、工程过程的要求。这三部分的有机结合具体体现在"保护轮廓"和"安全目标"中，"保护轮廓"和"安全目标"的概念和原理由第一部分介绍，"保护轮廓"和"安全目标"中的安全功能要求和安全保证要求在第二、三部分选取，这些安全要求的完备性和一致性，由第二、三两部分来保证。

（3）15408（CC）的发展　CC作为评估信息技术产品和系统安全性的世界性通用准则，是信息技术安全性评估结果国际互认的基础。早在1995年，CC项目组成立了CC国际互认工作组，此工作组于1997年制定了过渡性CC互认协定，1997年10月美国的NSA和NIST、加拿大的CSE和英国的CESG签署了该协定。1998年5月德国的GISA、法国的SCSSI也签署了此互认协定。1999年10月澳大利亚和新西兰的DSD加入了CC互认协定。在2000年，又有荷兰、西班牙、意大利、挪威、芬兰、瑞典、希腊、瑞士等国加入了此互认协定，日本、韩国、以色列等也正在积极准备加入此协定。

6.1.3　我国的信息安全标准

以前，国内主要是等同采用国际标准。目前，国内将信息系统安全分为5个等级，分别是：自主保护级、系统审计保护级、安全标记保护级、结构化保护级和访问验证保护级。主要的安全考核指标有身份认证、自主访问控制、数据完整性、安全审计、隐蔽信道分析、客体重用、强制访问控制、安全标记、可信路径和可信恢复等，这些指标涵盖了不同级别的安全要求。实际应用中，安全指标应结合网络现状和规划具体分析。一般情况下应着重对以下指标作出规定。

1. 身份认证

身份认证主要是通过标识和鉴别用户的身份，防止攻击者假冒合法用户获取访问权限。对金融信息网络而言，主要考虑用户、主机和节点的身份认证。

2. 自主访问控制

自主访问控制根据主体和客体之间的访问授权关系，对访问过程作出限制，可分为自主访问控制和强制访问控制。自主访问控制主要基于主体及其身份来控制主体的活动，能够实施用户权限管理、访问属性（读、写及执行）管理等。强制访问控制则强调对每一主

114

体、客体进行密级划分，并采用敏感标识来标识主、客体的密级。就金融信息网络安全要求而言，应采用自主访问控制策略。

3. 数据完整性

数据完整性是指信息在存储、传输和使用中不被窜改和泄密。显然，金融信息网络传输的信息对传输、存储和使用的完整性要求很高，需采用相应的安全措施来保障数据的传输安全，以防篡改和泄密。

4. 安全审计

安全审计是通过对网络上发生的各种访问情况记录日志，并对日志进行统计分析，从而对资源使用情况进行事后分析的有效手段，也是发现和追踪事件的常用措施。在存储和使用安全建设中，审计的主要对象为用户、主机和节点，主要内容为访问的主体、客体、时间和成败情况等。

5. 隐蔽信道分析

隐蔽信道分析是指以危害网络安全策略的方式传输信息的通信信道。隐蔽信道分析是网络遭受攻击的主要原因之一。目前主要采用安全监控和安全漏洞检测来加强对隐蔽信道的防范。在必要的网络接口安装安全监控系统，同时定期对网络进行安全扫描和检测。

6.2 网络管理

随着计算机网络的不断发展和广泛应用，计算机网络呈现以下特点：网络覆盖范围越来越大，节点越来越多；用户数目不断增加；共享数据量剧增；通信量剧增；网络应用软件类型不断增加；网络对不同操作系统的兼容性要求不断提高。因此，现在一方面对于如何保证网络的安全性和可用性提出了迫切的要求；另一方面，计算机网络日益庞大，又使得管理更加复杂和困难。大型、复杂、异构型的网络靠人工是无法管理的，随着网络管理技术的日益成熟，网络管理越来越显得重要。那么网络管理究竟是什么呢？简单地说，网络管理是控制一个复杂的计算机网络，使它具有最高的效率和生产力的过程。根据进行网络管理的系统的能力，这一过程通常包括数据收集、数据处理、数据分析和产生用于管理网络的报告。

6.2.1 网络管理的目标

不同的网络其管理的目标可能各有不同，但都包含了以下几个主要目标：

1）减少停机时间，改进响应时间，提高设备利用率。
2）减少运行费用，提高效率。
3）减少或消除网络瓶颈。
4）适应新技术。
5）使网络更容易使用。
6）保障网络安全。

网络管理的目标是通过增加网络的可用时间，提高网络设备的利用率、网络性能、服务质量和安全性来最大限度地保障网络的可用性，为用户提供足够的通信速度；通过更新核心设备来适应新的网络技术和网络通信需求。

6.2.2　网络管理员的职责

无论网络大小，为保证网络的正常运行，通常需要一个或多个专职或兼职网络管理员负责网络的安装、维护和故障检修等工作。在实施计算机网络的过程中，网络管理员的责任和任务有规划、建设、维护、扩展、优化和故障检修。在制定网络规划时，网络管理员需要进行用户需求调查，以确定网络的总体方案和结构布局。规划设计包括设计全新的网络结构或者在现有网络中添加新的设备以提供对新的网络或应用的服务；提供冗余（或者称为"备份"），以防止某条线路的故障而导致的隔离或增加网络连接的带宽以保证网络的长期可用性。用户对需求的改变可能会影响整个网络计划，这就需要网络管理员进行网络扩展。因为对已有网络进行扩展比重新设计和完全建立一个新的网络更为可取，所以需要管理员应用适当的网络连接方案来实现这些改变。确定网络规划后，管理员可以决定架设网络需要哪些软件、硬件和通信线路等。网络建好后，网络管理员的主要任务就是对网络进行维护（如改变运行在设备上的软件，更新网络设备，分配网络资源，排除网络故障等）。网络中设备众多，每个设备都有其各自的特点，要让它们一起协调工作，只有通过科学仔细地规划，才能保证网络处于良好的运行状态，这需要网络管理员对计算机网络进行优化。管理员需要仔细地配置每个设备，只有知道设备的特性和配置参数，管理员才能有效地优化网络性能。

通过上面的工作，网络管理员可以使网络故障减少到最小。无论网络规划、管理得多好，不可预见的网络故障总会发生，网络故障的检修是网络管理员免不了的任务。

6.2.3　网络管理模型

在网络管理中，一般采用管理者——代理的管理模型，如图6-2所示。网络管理为控制、协调、监视网络资源提供手段，即在管理者与代理之间利用网络实现管理信息的交换，完成管理功能。管理者从各代理处收集管理信息进行处理，获取有价值的管理信息，达到管理的目的。

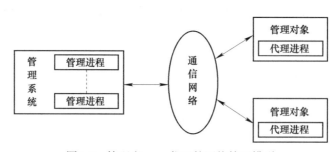

图6-2　管理者——代理的网络管理模型

网络管理者可以是普通PC，也可以是专用工作站。

代理程序一般位于被管理的设备内部（设备出厂时就带有的管理软件），它把来自管理者的命令或信息请求识别并转换为本设备支持的特有指令，完成管理者的指示，或返回它所在设备的信息。另外，代理程序也可以把自身系统中发生的事件主动通知给管理者。代理一般只返回它所在设备的信息；另外还有一种称为委托代理的，可以提供其他系统或其他设备的信息。

管理者使用管理系统，将管理要求以标准的管理操作指令格式通过通信网络传输给被管理设备的代理程序；代理程序则通过网络接口接收这些指令并转换为本设备的指令直接控制和管理该设备。当然，代理也可能会因为某种原因拒绝管理者的命令。

管理者和代理程序之间的信息交换有两种：

1）从管理者到代理程序的管理命令或者信息请求。

2）从代理程序到管理者的响应信息和设备的事件通知。

一个管理者可以和多个代理进行信息交换，这是网络管理常见的情况。一个代理也可以接收来自多个管理者的管理操作，在这种情况下，代理需要处理来自多个管理者的多个操作之间的协调问题。

6.2.4 网络管理功能

按照ISO对网络管理功能的划分，网络管理主要由5个部分组成，即FCAPS，它们分别是故障管理（Fault）、配置管理（Configuration）、计费管理（Accounting）、性能管理（Performance）和安全管理（Security），这些管理功能通过具体的网络管理系统来实现的。

具体的网络管理功能应能满足如下要求。

1．故障管理（Fault Management）

1）维护并检查错误日志，形成故障统计。

2）接收错误监测报告，并做出响应。

3）跟踪识别错误。

4）执行故障诊断测试。

2．配置管理（Configuration Management）

1）网络节点设备和端口的配置。

2）网络节点设备系统软件的配置。

3）配置操作过程的记录统计。

4）配置参数的备份。

3．计费管理（Account Management）

由于计费数据的特殊重要性和计费系统的复杂性，计费管理功能通常在专设的服务器上实现，一般意义上的网管系统不包括这部分内容。

4．性能管理（Performance Management）

1）自动发现网络拓扑结构和网络配置。

2）实时监测设备状态。

3）网络及相关设备的性能统计，包括网络节点设备的可用率、网络节点设备的CPU利用率、网络节点设备的故障率、中继线路流量统计、网络上各种业务量的统计、网络时延统计等。

4）对历史统计数据的分析。

5. 安全管理（Security Management）

安全管理与网络管理系统本身的安全是两个概念。由于互联网的开放性，使得处理在互联网上的安全问题对于开展各种业务具有决定性的意义，因此在互联网上通过设置各种级别和各层次的安全措施及相关服务来实现安全管理，不纳入网络管理系统的范畴。另外，网络管理系统本身的安全在SNMP v2中也得到体现，它是实现网管控制功能的基础。

6.2.5 网络管理协议

在网络管理模型中，管理者通过通信网络对代理者（被管理设备）进行管理需要交换大量的管理信息。这一过程必须遵循统一的通信规范才能保证网络管理系统能对各种设备的有效管理，把这个通信规范称为网络管理协议。网络管理协议提供了访问任何生产厂商生产的任何网络设备，并获得一系列标准值的一致性方式。其对网络设备的管理主要有查询和配置两种方式，可以查询网络节点设备的名称、端口数、每个端口的每秒包数、设备中软件的版本等；还能设置网络节点设备的名称、网络端口的地址、网络端口的状态、设备的运行状态等。现在常用的网络管理协议有简单网络管理协议（SNMP）、通用管理信息协议（CMIP）和局域网个人管理协议（LMMP）。

1. 简单网络管理协议（SNMP）

简单网络管理协议（Simple Network Management Protocol，SNMP）是被广泛接收并投入使用的工业标准，它的目标是保证管理信息在任意两个网络节点间传送，便于网络管理员在网络上的任何节点检索信息，进行修改，寻找故障；完成故障诊断，容量规划和报告生成。它采用轮询机制，提供最基本的功能集。最适合小型、快速、低价格的环境使用，并且它只要求无连接的传输层协议（UDP），受到许多产品的广泛支持。

SNMP在TCP/IP协议族中的地位如图6-3所示。

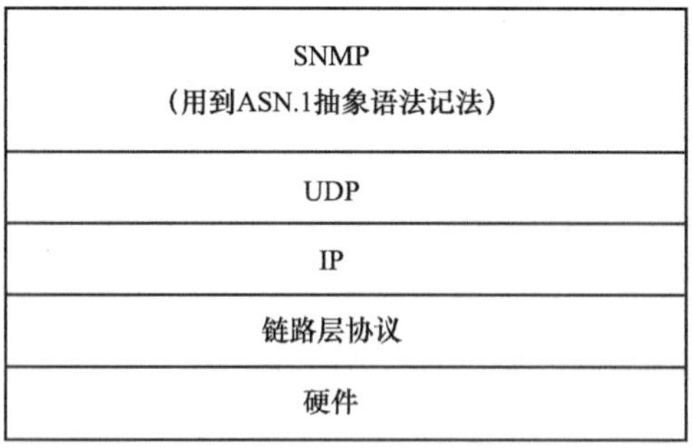

SNMP （用到ASN.1抽象语法记法）
UDP
IP
链路层协议
硬件

图6-3 SNMP在TCP/IP协议族中的地位

SNMP包括被管理对象自身的管理和管理中心的管理两部分。

被管理对象自身管理就是网络中的各种被管理设备（主机、交换器、路由器、智能HUB和终端服务器等）的自身管理。各被管理设备也称网络元素。被管设备中代理负责自身管理，每个代理通常包含一个管理信息库（MIB），代理监测所在设备部件的状态参数和收集有关信息并通过MIB来保存有关的各种信息。

管理中心（或网络管理站）位于某台网络管理计算机上，对被管对象进行统一管理。网络管理站采用轮询的方法向各设备的代理获取管理信息，以维持对网络资源的实时监视并进行综合分析，在必要时采取相应措施。代理在特别紧急情况下也可以不经询问就发送信息，这种信息称为自陷（Trap），但Trap信息的参数是受限制的。这样，SNMP成为一种有效的网络管理协议。

2. 通用管理信息协议（CMIP）

CMIP是ISO定义的网络管理协议，它定义了网络管理的基本概念和总体框架，相关的通用管理信息服务（CMIS）定义了访问和控制网络对象，设备和从对象设备接收状态信息的方法。CMIP是一个非常复杂的协议体系，管理信息采用了面向对象的模型，管理功能包罗万象，致使其进展缓慢，少有适用的网络管理产品。CMIP的优点是安全性高，功能强大，不仅可用于传输管理数据，而且可以执行一定任务。但由于CMIP对系统的处理能力要求过高，操作复杂，覆盖范围广，因而难以实现，从而限制了它的使用范围。

3. 局域网个人管理协议（LMMP）

LMMP以前被称为IEEE 802逻辑链路控制上的公共管理信息服务与协议（GMOL）。局域网（LAN）环境中的网络节点设备包括网桥、集线器和中继器，它们不依赖于任何特定的网络层协议（如IP协议）进行网络传输。

由于不要求任何的网络层协议，因此LMMP比CMIP易于实现。然而，没有网络层提供的路由信息，LMMP消息不能跨越网段（路由器）。不过，跨越局域网界限传输的LMMP信息的转换代理的实现可能会克服这一问题。

6.2.6 网络安全分析

提起网络安全，很多人就会想起防火墙和防病毒软件，其实，这是不够全面的。实际上这样的系统还远远没有达到必要的安全性。系统很容易遭到黑客和病毒的入侵，造成系统的崩溃。数据在网络（局域网和广域网）上传输时，可能会被截取、偷换、冒名顶替，远程访问系统经常被未授权的用户入侵等。

无论是国外的报道还是国内的计算机犯罪报道，网络系统的安全体系是十分脆弱的，系统的安全性已成为一个全局性的问题。它包括联网的设备、网络操作系统、应用程序和通信数据的安全。由于计算机系统本身存在的缺陷、信息安全防范技术没有达到希望的安全程度、人们的安全意识还没有达到应有的高度、信息化社会缺乏应有的道德法规等方面的原因，计算机网络的安全问题成为一个建网伊始就需要认真研究探讨的策略。即建立一个在网络系统内结合安全技术与安全管理，以实现系统多层次安全保证的网络安全管理体系。此体系结合网络、系统、用户、应用数据、相关设备、系统维护和管理计划等方面的安全措施，对网络系统的使用和管理实施统一的安全规划。因此，计算机网络的安全策略也包括网络的完整性、系统的完整性、用户账号的完整性、应用数据的完整性、数据的保密性、与网络相连的硬件设备的可靠性、保证网络系统安全稳定运行的系统日常维护和管理计划7个方面。具体说明如下。

1．网络的完整性

网络是信息系统里连接主机、用户机及其他计算机设备的基础，是公司业务系统正常运行的首要保证。从管理的角度看，网络可以分为内部网（Intranet）与外部网（Internet）。网络的安全涉及内部网的安全保证以及内部网和外部网两者之间连接的安全保证。

2．系统的完整性

系统的安全管理围绕系统硬件、系统软件、系统上运行的数据库和应用软件而采取相应的安全措施。系统的安全措施将首先为操作系统提供防范性好的安全保护伞，并为数据库和应用软件提供整体性的安全保护。

3．用户账号的完整性

用户账号是计算机网络里最大的安全弱点，获取合法的账号和密码是"黑客"攻击网络系统最常用的方法。用户账号的涉及面很广，包括网络登录账号、系统登录账号、数据库登录账号、应用程序登录账号、电子邮件账号、电子签名、电子身份等，可以说无所不在。因此，用户账号的安全措施不仅包括技术上的安全支持，还需在企业信息管理的政策方面有相应的措施。只有技术和管理制度双管齐下，才能真正有效地保障用户账号的保密性。从管理方面，企业可以采取的措施包括划分不同的用户级别、制定密码政策（例如密码的长度、密码定期更换、密码的组成等）、对职员的流动采取的必要措施以及对职员进行计算机安全教育；从安全技术方面，针对用户账号完整性的技术包括用户分组的管理、唯一身份（如指纹识别、声音识别、智能卡识别等）和用户认证。

4．应用数据的完整性

应用和数据上的安全措施是为了确保专门的应用只能被授权的用户使用，专用的数据只能被专人访问。不同级别的用户在使用应用和访问数据时得到的权限也不同。

5．数据的保密性

数据的保密是许多安全措施的基本保证，加密后的数据能保证在传输、使用和转换时不被第三方获取或者截取。通过加密，即使数据被截获，也无法读懂经过加密的信息。

6．网络相联的硬件设备的可靠性

网络包括很多复杂的硬件、软件和特别的通信设备，各自完成不同的工作。无论是开关、信号设备还是网络、文件服务器，大多数网络通信设备都可能发生设备的物理毁坏。这将使网络出现故障，甚至瘫痪。用于连接网络的双绞线、同轴电缆、电线或其他媒介也容易受到损坏（自然因素和人为因素）、破坏和攻击。网络中硬件设备的可靠性问题，即使是极小的问题也可能导致重大的后果。因此，对网络设备采取隔离保护、控制接触和定期维护是极其重要的。

7. 保证网络系统安全稳定运行的系统日常维护和管理计划

从安全的角度建立适当的规章制度，有计划地维护和管理网络，定期进行安全检查，防患于未然，建立灾难应急计划、备份方案和其他方法，保证及时恢复系统。

6.2.7 网络安全策略

网络安全策略是指在一个特定的环境里，为保证提供一定级别的安全保护所必须遵守的规则。网络安全策略模型包括了建立安全环境的三个重要组成部分：威严的法律、先进的技术和严格的管理。

1. 威严的法律

安全的基石是社会法律、法规与手段，这部分用于建立一套安全管理标准和方法。即通过建立与学习信息安全相关的法律、法规，使非法分子慑于法律，不敢轻举妄动。

2. 先进的技术

先进的安全技术是信息安全的根本保障，用户对自身面临的威胁进行风险评估，决定其需要的安全服务种类，选择相应的安全机制，然后集成和正确配置先进的安全技术。

3. 严格的管理

各网络使用机构、企业和单位应建立相宜的信息安全管理办法，加强内部管理，建立审计和跟踪体系，提高整体信息安全意识。

6.2.8 网络安全模型

为防止对信息的机密性、可靠性等造成破坏，需要加密传送的信息。保证安全性的加密机制包括以下两部分。

1. 传统对称加密方式

这种加密方式的解密算法就是加密算法的逆运算，而加密密钥也就是解密密钥。需要传送的明文使用一定的加密算法和特定的加密密钥进行加密，然后在网络上以密文形式进行传输，接收端收到密文后，使用发送端对应的解密算法和解密密钥进行解密得到信息的明文。

一般的加密模型如图6-4所示。在发送端，明文X用加密算法E和密钥K得到密文$Y=E^k(X)$。在传送过程中可能出现密文截取者（又称攻击者或入侵者）盗用，但由于没有解密密钥而无法将其还原成明文，从而保证了数据的安全性。到了接收端，利用解密算法D和解密密钥K解出明文$X=D_k(Y)$。

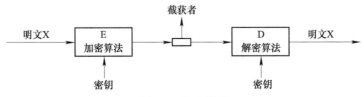

图6-4 加密模型

如果不论截取者获得了多少密文，在密文中没有足够的信息来唯一地确定出对应的明文，则称这一密码体制为无条件安全的（或理论上是不可破的）。但是，在无任何限制的条件下，目前几乎所有实用的密码体制都是可破的。因此，人们关心的是要研制出在计算上而不是在理论上是不可破的密码体制（需要特别长的时间才能破解的密码）。美国的数据加密标准（Data Encryption Standard，DES）和公开密钥密码体制的出现基本上解决了这个问题。

2．公开密钥体制

公开密钥体制（Public Key Infrastructure，PKI），是指加密密钥（PK）是公开信息，即常说的公钥，加密算法E和解密算法D也都是公开的，而解密密钥（SK）是保密的，即常说的私钥。虽然SK是由PK决定的，但是却不能根据PK计算出SK。公开密钥算法是不对称的加密算法，具有以下特点：

1）用加密密钥PK对明文X加密后，再用解密密钥SK解密即得明文，即$D_{SK}（E_{PK}（X））$=X。而且，加密和解密运算可以对换，即$E_{PK}（D_{SK}（X））$=X。

2）加密密钥不能用来解密，即$D_{PK}（E_{PK}（X））$≠X。

3）在计算机上可以很容易产生成对的PK和SK，但从已知的PK不可能推导出SK。

使用基于公钥技术系统的用户建立安全通信信任机制的基础是，网上进行的任何需要安全服务的通信都是建立在公钥的基础之上的，而与公钥成对的私钥只掌握在它们与之通信的另一方。这个信任的基础是通过公钥证书的使用来实现的。公钥证书就是一个用户的身份与他所持有的公钥的结合，在结合之前由一个可信任的权威机构CA来证实用户的身份，然后由其对该用户身份及对应公钥相结合的证书进行数字签名，以证实其证书的有效性。RSA和DSA算法是典型的公开密钥算法。

6.2.9　安全威胁

威胁计算机网络安全的因素

计算机网络所面临的威胁大体可分为两种：对网络中信息的威胁和对网络中设备的威胁。影响计算机网络安全的因素很多，有些因素可能是有意的，也可能是无意的；可能是人为的，也可能是非人为的；可能是外来黑客对网络系统资源的非法使用，也可能是内部职员的恶意破坏。归结起来，威胁计算机网络安全主要有以下4个因素：系统缺陷、自然灾害、意外事故、人为破坏。

（1）系统缺陷　网络软件、操作系统和应用程序的漏洞和"后门"。软件不可能是百分之百的无缺陷和无漏洞的，然而这些漏洞和缺陷恰恰是黑客进行攻击的首选目标，曾经出现过很多黑客攻入网络内部的事件，这些事件的大部分就是因为系统本生的漏洞和缺陷造成的。另外，软件"后门"都是软件公司的设计编程人员为了方便调试程序，或者故意为日后攻击而设置的，一般不为外人所知，但一旦"后门"洞开，其后果将不堪设想。

（2）自然灾害　对于一个网络系统而言，难免会遇到一些天灾，比如网线被老鼠咬断、闪电击毁设备、静电烧毁设备等。这些灾害，虽然难以预测，但是可以通过周全的环境建设来防止其发生。

（3）意外事故　系统管理员对防火墙配置不当造成的安全漏洞，用户密码选择不慎，无意识的违规操作等都会对网络安全带来威胁。这些失误对于经验丰富的网络专家也是难免的。

（4）人为破坏　计算机犯罪是计算机网络所面临的最大威胁，此类攻击又可以分为两种：一种是主动攻击，它以各种方式有选择地破坏信息的有效性和完整性；另一类是被动攻击，它是在不影响网络正常工作的情况下，进行截获、窃取、破译以获得重要机密信息。这两种攻击均可对计算机网络造成极大的危害，并导致机密数据的泄露。

6.2.10　计算机网络的安全策略

1. 物理安全策略

物理安全策略的目的是保护计算机系统、网络服务器、打印机等硬件实体和通信链路免受自然灾害、人为破坏和搭线攻击；确保计算机系统有一个良好的电磁兼容工作环境；建立完善的安全管理制度，防止非法进入计算机控制室和各种偷窃、破坏活动的发生。

2. 访问控制策略

访问控制策略是网络安全防范和保护的主要策略，它的作用是对想访问系统和其数据或者应用程序的人进行识别，并检验其身份，以保证网络资源不被非法使用和非法访问；对进入系统的用户进行操作权限的分配和监控，防止越权使用系统，造成系统的破坏或者泄露机密信息。访问控制策略也是维护网络系统安全、保护网络资源的重要手段。

各种安全策略必须相互配合才能真正起到保护作用，但访问控制可以说是保证网络安全最重要的核心策略之一。下面我们分述各种访问控制策略。

一般说，访问控制的实现可分为三种方法：基于密码的访问控制技术、选择性访问控制和强制性访问控制。

3. 防火墙控制

防火墙是一种隔离控制技术，在某个机构的网络和不安全的网络之间设置障碍，阻止对信息资源以及不需要保护的网络的非法访问，也可以使用防火墙阻止专利信息从公司的网络上被非法输出。换言之，防火墙是一道门槛，控制进出两个方向的通信，即控制进、出两个方向通信的门槛。在网络边界上通过建立起来的相应网络通信监控系统来隔离内部和外部网络，以阻挡外部网络的侵入。通过限制与网络或某一特定区域、特定主机甚至是特定主机的特定端口的通信，以达到防止非法用户侵犯Intranet和公用网络的目的。

防火墙是一种被动防卫技术，由于它假设了网络的边界和服务，因此对内部的非法访问难以有效地控制。因此，防火墙最适合于相对独立的与外部网络互联途径有限、网络服务种类相对集中的单一网络，例如常见的企业网。

目前的防火墙主要有以下三种类型：

（1）包过滤（Packet Filter）　包过滤是在网络层中对数据包实施有选择的通过。依据系统内事先设定的过滤逻辑，检查数据流中每个数据包后，根据数据包的源地址、目的地址、所用的TCP端口与TCP链路状态等因素来确定是否允许数据包通过。包过滤技术作为防火墙的应用有三类：一是路由设备在完成路由选择的数据转发之外，同时进行包过滤，这是目前较常用的方式；二是在工作站上使用软件进行包过滤，价格较贵；三是在一种称为屏蔽路由器的路由设备上启动包过滤功能。

（2）应用网关（Application Gateway）　应用网关技术是建立在网络应用层上的协议过滤，常常被称作"堡垒主机"，它针对特别的网络应用服务协议即数据过滤协议，并且能够对数据包分析并形成相关的报告。应用网关对某些易于登录和控制所有输出/输入的通信的环境给予严格的控制，以防有价值的程序和数据被窃取。在实际工作中，应用网关一般由专用工作站系统来完成。

（3）代理服务（Proxy Server）　代理服务是设置在互联网防火墙网关的专用应用级代码。这种代理服务准许网管员允许或拒绝特定的应用程序或一个应用程序的特定功能。包过滤技术和应用网关是通过特定的逻辑判断来决定是否允许特定的数据包通过，一旦判断条件满足，防火墙内部网络的结构和运行状态便"暴露"在外来用户面前，这就引入了代理服务的概念，即防火墙内外计算机系统应用层的"链接"由两个终止于代理服务的"链接"来实现，这就成功地实现了防火墙内外计算机系统的隔离。同时，代理服务还可用于实施较强的数据流监控、过滤、记录和报告等功能。代理服务技术主要通过专用计算机硬件（如工作站）来承担。为了达到更高程度的安全性要求，有的厂商把基于分组过滤技术的方法和基于代理服务的方法结合起来，形成了新型的防火墙产品。这种结合通常是以下面两种方案之一实现的：有屏蔽主机（Screened Host）或有屏蔽子网（Screened Subnet）。

1）有屏蔽主机——在这种方案中（见图6-5），一个分组过滤路由器与互联网相连，同时，一个堡垒主机安装在内部网络上。通常，在路由器上设立过滤规则，使这个堡垒主机成为互联网上其他节点所能达到的唯一节点。这确保了内部网络不受未被授权的外部用户的攻击。

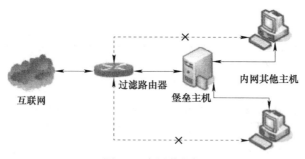

图6-5　有屏蔽主机

2）有屏蔽子网——是建立一个被隔离的子网，位于互联网和内部网络之间，用两台分组过滤路由器将这一子网分别与互联网和内部网络分开，如图6-6所示。在许多有屏蔽子网的实现中，两个分组过滤路由器放在子网的两端，在子网内构成一个禁止穿行区。即互联网和内部网络均可访问有屏蔽子网，但禁止它们穿过有屏蔽子网进行通信。像WWW和FTP这样的互联网服务器一般就放在这种禁止穿行区中。这个区域又称为非军事区（DMZ）。

图6-6　有屏蔽子网

本章小结

只有实现了网络安全才能保证网络的正常使用。但是在现实中，没有绝对安全的网络，究竟自己的网络安全达到了什么程度，只有通过各种标准才能衡量和比较；当然也可以根据实际需要，采取一些安全策略来使网络达到某种程度的安全标准。

安全和性能以及安全和成本都是不能兼顾的。安全性高的网络在保证通信和信息安全的同时会降低网络的性能，使网络的可用性和易用性降低，并且必须为高安全性付出巨大的资金和人力。究竟什么程度的安全才是合理的，这是一个需要仔细权衡的两难问题，必须根据实际的网络系统来决定。

习题

一、单项选择题

1）信息安全的衡量标准有：完整性、可用性、可审查性、可控性和_____。

　　A. 保密性　　　　　　B. 秘密性　　　　　　C. 神秘性　　　　　　D. 隐蔽性

2）美国国防部（DOD）的可信计算机系统评估准则简称_____。

　　A. OSI　　　　　　　B. ITSEC　　　　　　C. TCSEC　　　　　　D. ISO

3）在TCSEC标准中强制保护指的是第_____。

　　A. A级　　　　　　　B. B级　　　　　　　C. C级　　　　　　　D. D级

4）欧洲的《信息技术安全评估准则》（ITSEC）有_____个评估级别。

　　A. 4　　　　　　　　B. 5　　　　　　　　C. 6　　　　　　　　D. 7

5）网络管理的主要目标是_____。

　　A. 减少停机时间，改进响应时间，提高设备利用率

　　B. 减少运行费用，提高效率，使网络更容易使用

　　C. 减少或消除网络瓶颈，保障网络安全，适应新技术

　　D. 以上都是

6）在网络管理模型中，代理者是_____。

A. 位于被管理设备中的代理程序　　　　B. 管理端的管理系统

C. 通信网络　　　　　　　　　　　　　D. 被管理的设备

7）下面各项中，不属于网络管理功能的是＿＿＿＿＿。

A. 配置管理　　　　　　　　　　　　　B. 故障管理

C. 网络规划　　　　　　　　　　　　　D. 计费管理

8）下列网络管理协议中不能跨越网络层的是＿＿＿＿＿。

A. 简单网络管理协议　　　　　　　　　B. 通用管理信息协议

C. 局域网个人管理协议　　　　　　　　D. 全部

9）以下关于公开密钥体制不正确的是＿＿＿＿＿。

A. 用加密密钥PK对明文X加密后，再用解密密钥SK解密即得明文，反之亦成立

B. 公开密钥机制能实现身份认证

C. 从已知的公钥（PK）不能推导出私钥（SK）

D. 加密密钥能用来解密

10）公开密钥体制中不能由＿＿＿＿＿。

A. 用户自己产生密钥对

B. CA为用户产生密钥对

C. CA（包括PAA、PCA、CA）自己产生自己的密钥对

D. 通信时由通信网络随机产生

二、多项选择题

1）安全的网络环境由＿＿＿＿＿组成。

A. 法律　　　　　　　　　　　　　　　B. 技术

C. 管理　　　　　　　　　　　　　　　D. 教育

2）关于加密技术，下列说法正确的是＿＿＿＿＿。

A. 对称密码体制中加密算法和解密算法是保密的

B. DES和RSA算法都是对称密码的算法

C. 对称密码体制的加密密钥和解密密钥是相同的

D. 对称密码必须由CA产生

3）防火墙可分为＿＿＿＿＿。

A. 支付网关　　　B. 应用网关　　　C. 报过滤　　　D. 代理服务器

4）属于非对称加密算法的有＿＿＿＿＿。

A. RSA　　　　　B. DES　　　　　C. DSA　　　　D. 都是

5）能够跨越路由器的网管协议有＿＿＿＿＿。

A. TCP/IP　　　　B. SNMP　　　　C. LMMP　　　D. CMIP

6）网络安全策略包括＿＿＿＿＿。

A. 物理安全策略　　B. 访问控制策略　　C. 防火墙控制　　D. 全部

三、判断题

1）Windows 2000是通过了C2级认证的操作系统。　　　　　　　　　（　　　）

2）网络管理者必须是专用工作站。　　　　　　　　　　　　（　　）

3）SNMP是最通用的网络管理协议。　　　　　　　　　　　（　　）

4）越安全的网络，效率越高。　　　　　　　　　　　　　　（　　）

5）拥有最好的安全技术的网络就是安全的网络。　　　　　　（　　）

四、思考题

1）网络信息安全的标准是什么？

2）简述ISO 15408的发展历程。

3）网络管理的目标是什么？

4）网络管理的功能有哪些？

5）怎样构建一个安全的网络环境？

6）威胁网络安全的因素有哪些？

7）非对称加密的特点是什么？